JIAONI ZUOYIGE
QUANENG
DIANGONG

教你做一个全能电工

蒋文祥　主编

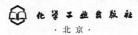

化学工业出版社

·北京·

图书在版编目（CIP）数据

教你做一个全能电工/蒋文祥主编. —北京：化学工业
出版社，2016.7
ISBN 978-7-122-27125-9

Ⅰ.①教…　Ⅱ.①蒋…　Ⅲ.①电工技术　Ⅳ.①TM

中国版本图书馆 CIP 数据核字（2016）第 111380 号

责任编辑：卢小林　　　　　　　　文字编辑：项　潋
责任校对：王素芹　　　　　　　　装帧设计：王晓宇

出版发行：化学工业出版社（北京市东城区青年湖南街13号　邮政编码100011）
印　　刷：北京永鑫印刷有限责任公司
装　　订：三河市宇新装订厂
850mm×1168mm　1/32　印张 12½　字数 345 千字
2016 年 10 月北京第 1 版第 1 次印刷

购书咨询：010-64518888（传真：010-64519686）
售后服务：010-64518899
网　　址：http://www.cip.com.cn
凡购买本书，如有缺损质量问题，本社销售中心负责调换。

定　　价：48.00 元　　　　　　　　　　　版权所有　违者必究

前言

　　随着我国经济的蓬勃发展，电气化程度正在日益提高，各行业、各部门从事电气工作的人员在迅速增加。为了满足电工初学人员或想寻求一门专业技能的社会人员的学习需求，化学工业出版社组织编写了本书。

　　相较于大多数的市场同类书，本书内容更丰富，形式更新颖。书中以大量的实际操作图配合深入浅出的讲解，介绍了电工基本知识、基本技能，常用的电工计算、估算，大量的电工在运行、维修方面的经验示例，电工读图、画图的方法等。读者一看即懂，一读就通。整本书多采用图、表形式，方便广大读者在轻松阅读中迅速掌握电工技术，提高技能水平，并能很快应用到工作当中，从而达到花最少的时间，学最实用、最多的技术的目的。

　　本书由蒋文祥主编，参加编写的人员有张桂兰、蒋元明、宋燕、朱娟、蒋庆明、杨军、李莹、李琦、李培、张勇、张桂英、张桂云、田文贵、李宝山、张杰、李红梅等，在此一并向他们表示感谢。

　　由于水平所限，书中难免存在不妥之处，敬请广大读者批评指正。

编　者

目录
CONTENTS

第 1 章 解读电工基础知识 CHAPTER	Page
	1

2 第 2 章
CHAPTER 解读三相交流电的知识

3 第 3 章
CHAPTER 解读电阻

4 第 4 章
CHAPTER 解读电容器、电感器及电容计算

第5章
常用交流电路的相关计算解读

第6章
详解电工常用估算

Page

68

第7章
电工常用工具的使用

11 CHAPTER

第 11 章
解读电动机在运行中的故障处理

14 CHAPTER
第 14 章
解读电压互感器操作及故障处理

Page 214

15 CHAPTER
第 15 章
解读电流互感器操作及故障处理

Page 222

第 16 章
解读移相电容器的操作及故障处理

Page

230

17 CHAPTER

第 17 章
解读继电保护与二次回路

Page 242

18 CHAPTER

第 18 章
解读直流操作电源

Page 261

19
CHAPTER

第 19 章
解读整流电路

Page
265

20
CHAPTER

第 20 章
解读安全用具方面

Page
273

21 CHAPTER 第21章 解读变电站值班安全工作

22 CHAPTER 第22章 解读电气设备运行管理

23 CHAPTER 第 23 章 解读倒闸操作

Page 299

24
CHAPTER

第 24 章
详解电能表的原理及接线

Page

328

25 CHAPTER
第 25 章
解读过电压保护

Page 353

26 CHAPTER
第 26 章
解读照明电路的常见故障处理

Page 362

第1章
解读电工基础知识

Chapter 01

【1-1】 **电荷是怎么产生的**

解: 已知，构成一切物质的基础是原子，而原子是由原子核及围绕原子核旋转的电子组成，如图1-1～图1-3所示。原子核带正电荷，环绕原子核旋转的电子带负电荷。所有电子的大小、质量和电荷都是完全一样的。从图中可看出，不同的化学元素，原子的结构也不同。原子中带正电荷的原子核与带负电荷的电子之间有着电的吸引力在起作用，所以电子环绕原子核运动而不从原子中飞逸出去。

任何一种完整的原子，原子核所带的正电荷，刚好等于它外围的所有电子所带的负电荷，整个原子就是一个不带电、电性中和的粒子。

但是，有些金属元素的原子中电子数目比较多，它们分布在几层轨道上，如图1-3所示。靠近原子核轨道近的电子与原子核的吸

图 1-1 氢原子

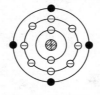

图 1-2 硅原子

图 1-3 铜原子

引力就比较强，不容易脱离原子核。可是离最外层轨道上的电子，受原子核的吸引力比较弱，就很容易脱离原子核的束缚，跑到轨道外面去，成为"自由电子"，如图1-4所示。这些自由电子在原子间穿来穿去，做没有规则的运动。

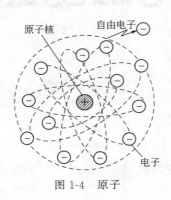

图1-4 原子

正负电相等的原子，它是属于中性状态，如图1-5所示。如果，原子失去最外层电子后，它的中性就被破坏，这个原子就带正电，称为正离子，如图1-6所示。飞出轨道的电子也可能被另外的原子吸收，这吸收了额外电子的原子就带负电，称为负离子，如图1-7所示。原来处于中性状态的原子，由于失去电子或额外地获得电子变成带电离子的过程，称作电离。

图1-5 中性电荷

图1-6 电子逃离

图1-7 电子进入原子

【1-2】 摩擦起电是怎么回事

解： 在日常生活中，把一把摩擦过的梳子拿到一小撮纸屑旁边，纸屑会被梳子吸起来，如图 1-8 所示。实践证明琥珀、树脂、毛皮等物体经过摩擦会带电；玻璃、宝石和丝绸摩擦后，在玻璃、宝石上呈现出的电为正电；而胶木、琥珀和毛皮摩擦后，呈现在胶木、琥珀上的电为负电。带正电的物体能把另一种带正电的物体推开，如图 1-9 所示。相反，它又能吸引带负电的物体，如图 1-10所示。

电有以下几个重要特性。

① 正电与正电相斥；

② 负电与负电相斥；

③ 正电与负电相吸。

图 1-8　梳子摩擦后能吸起纸屑

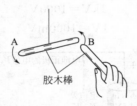

图 1-9　正电与正电相斥（负电与负电相斥）

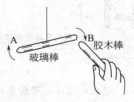

图 1-10　正电与负电相吸

【1-3】 什么是电压

解： 众所周知，城市的水塔越高越好，水对地面压差越大，水对地面的压差称为水压，也就是水对地面的水压越高，可形成高压水流。

在电路中，任意两点之间的电位差，称为该两点间的电压。电压分直流电压和交流电压。电池上的电压为直流电压，它是通过化学反应维持电能量，电池的电压、电位差如图 1-11 所示。发电厂的电压为交流电压，而交流电压是随时间周期变化的电压，这种电压目前应用极为广泛。电压在应用中，一定是指两点之间的电压，它是以某一点作为参考点的。某一点的电压，就是指该点与参考点之间的电位差。在电力工程中，规定以大地作为参考点，认为大地电位等于零。如没有特别说明的话，某点的电压就是指该点与大地之间的电压。电压用字母 U 表示，其单位是伏特，用符号"V"表示。电压的大的单位可用千伏（kV）表示，小的单位可用毫伏（mV）表示。它们之间的关系如下

$$1kV = 1000V$$

$$1V = 1000mV$$

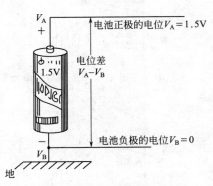

图 1-11　电池的电压、电位差示意图

我国规定标准电压有许多等级，经常接触的有以下几种。

① 安全电压 12V、24V、36V。

② 民用市电单相电压 220V，三相电压 380V。

③ 城乡高压配电电压 10kV 和 35kV。

④ 输电电压 110kV 和 220kV。

⑤ 长距离超高压输电电压 330kV 和 500kV 等。

【1-4】 什么是电流

解： 在金属导体中含有大量的自由电子，当我们把金属导体和一个电池接成闭合回路时，导体的两端具有电压，导体中的自由电子（负电荷）就会受到电池负极的排斥和正极的吸引，驱使它们朝着电池正极运动，如图 1-12 所示。自由电子的这种有规则的运动，形成了金属导体中的电流。习惯上人们都把正电荷移动的方向定为电流流动的方向，它与电子移动的方向相反。

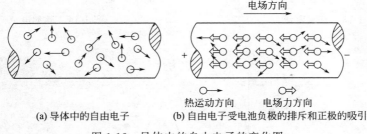

图 1-12　导体中的自由电子的变化图

电路中电流的大小，可以用每单位时间内通过导体任一横截面的电荷量来计量，称为电流强度，简称电流。电流强度的单位是安培（A），规定：1s 内通过导体横截面上的电荷量 Q 为 1 库仑，则电流强度就是 1 安培，即

$$1 \text{ 安培} = \frac{1 \text{ 库仑}}{1 \text{ 秒}}$$

安培用符号"A"表示。最小单位是毫安（mA）和微安（μA），它们的关系是

$$1A = 1000mA$$

$$1mA = 1000\mu A$$

　　电流分直流电流、脉动电流、交流电流。

　　① 大小和方向不随时间变化的电流称为直流电流，如图 1-13 所示。

　　② 方向始终不变，而大小随时间变化的电流，称为脉动电流，如图 1-14 所示。

　　③ 大小和方向均随时间作周期性变化的电流，称为交流电流，如图 1-15 所示。

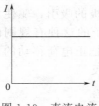

图 1-13　直流电流

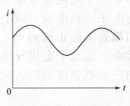

图 1-14　脉动电流

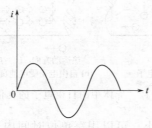

图 1-15　交流电流

【1-5】 什么是电阻

　　解： 由于自由电子在导体中沿一定方向流动时，一定会遇到阻力，这种阻力是自由电子与导体中原子发生碰撞而产生的。导体中存在的一种阻碍电流通过的阻力叫电阻。电阻用符号 R 或 r 表示。

　　电阻的基本单位是欧姆，用希腊字母"Ω"来表示。如果在电路两端所加的电压是 1 伏特（V）流过这段电路的电流恰好是 1 安

培（A），那么这段电阻就定为 1 欧姆（Ω）。电阻比较大，常采用较大的单位千欧（kΩ）和兆欧（MΩ），它们之间的关系为

$$1k\Omega = 10^3\,\Omega$$

$$1M\Omega = 10^6\,\Omega$$

电阻分下列两种。

① 固定电阻，如图 1-16 所示。

② 可变电阻，如图 1-17 所示。

(a) 固定电阻实物

(b) 固定电阻符号

图 1-16　固定电阻

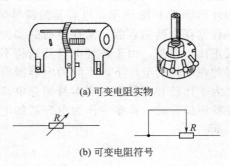

(a) 可变电阻实物

(b) 可变电阻符号

图 1-17　可变电阻

　　物体电阻的大小与制成物体的材料、几何尺寸和温度有关，一般导线的电阻可由以下公式求得

$$R = \rho\frac{L}{S}$$

式中　L——导线长度，m；

　　　ρ——电阻系数（电阻率），$\Omega\cdot mm^2/m$，常用金属的电阻系数如表 1-1 所示；

S——导线的截面积，mm^2。

表 1-1　常用金属的电阻系数（20℃）

材料名称	电阻系数 /$\Omega \cdot mm^2 \cdot m^{-1}$	材料名称	电阻系数 /$\Omega \cdot mm^2 \cdot m^{-1}$
银	0.0165	铸铁	0.5
铜	0.0175	黄铜（铜锌合金）	0.065
钨	0.0551	铝	0.0283
铁	0.0978	康铜	0.44
铅	0.222		

【1-6】 电容和电容器是什么

解： 由两导体的中间用绝缘物质隔开时，就形成了电容器。组成电容器的两个导体叫做极板，中间的绝缘物叫做电容器的介质。电容器的外形如图 1-18 所示，电容器的符号如图 1-19 所示。

电容器是一种储存电荷的容器，储存电荷的多少，与加在电容器两端的电压成正比。但是，由于各种电容器结构不同，所用的介质也不一样，因此在同样的电压下，不同的电容器所储存的电荷量也不一定相等。为了比较和衡量电容器本身储存电荷的能力，可用每伏电压下电容器所储存的电荷多少作为电容器的电容量，电容量用字母 C 表示，即

$$C = \frac{Q}{U}$$

式中　C——电容器的电容量；

　　　Q——极板上电荷量；

　　　U——电容器两端的电压。

若电压 U 的单位为伏特，电荷量 Q 的单位为库仑，则电容器电容量的单位为法拉，用字母"F"表示。在实际应用中，法拉这个单位太大，很少使用，通常采用小得多的单位，微法（μF）和皮法（pF），它们之间的关系为

$$1\mu F = 10^{-6} F$$

$$1pF = 10^{-12}F$$

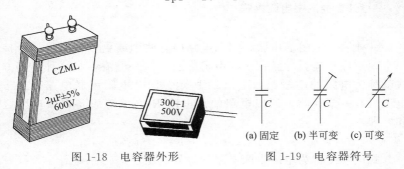

图 1-18　电容器外形　　　　图 1-19　电容器符号

把电容器与直流电源接通，在电场力的作用下，电源负极的自由电子将向与它相连的 B 极板上移动，使 B 极板上带有负电荷；另一极板 A 上的自由电子将向与它相连的电源正极移动，使 A 极板带有等量的正电荷，如图 1-20 所示。这种电荷的移动直到极板间的电压与电源电压相等为止。在极板间的介质中建立了电场，电容器储存了一定电荷和电场能量。电容储存电荷的过程叫做电容器的充电。

将充好电的电容器 C 通过电阻 R 接成闭合回路，如图 1-21 所示。由于电容器储存着电场能量，两极板间有电压 U_C，可以等效为一个直流电源。在电压 U_C 的作用下，B 极板上的电子就会跑向 A 极板与正电荷中和，极板上电荷逐渐降低，直到 $U_C = 0$ 时，电荷释放完毕。这一过程称为电容器的放电。

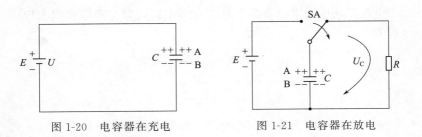

图 1-20　电容器在充电　　　　图 1-21　电容器在放电

【1-7】 **什么情况是电阻串联**

解: 电阻的串联，如果电路中有两个或更多个电阻一个接一个地顺序相连，并且在这些电阻中通过同一电流，则这种连接方式就称为电阻的串联，如图 1-22 所示。两个电阻串联电路，由于电流只有一条通路，所以电路的总电阻 R 必然等于各串联电阻之和，即

$$R = R_1 + R_2$$

式中，R 称为电阻串联电路的等效电阻。

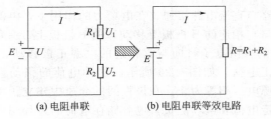

(a) 电阻串联　　　　(b) 电阻串联等效电路

图 1-22　两个电阻串联电路

电流 I 流过电阻 R_1 和 R_2 时都要产生电压降，分别用 U_1 和 U_2 表示，则

$$U_1 = IR_1$$
$$U_2 = IR_2$$

电路的外加电压 U，等于各串联电阻上的电压降之和，即

$$U = U_1 + U_2 = IR_1 + IR_2 = I(R_1 + R_2) = IR$$

电阻串联电路可以看成是一个分压电路，两个串联电阻上电压分别为

$$U_1 = IR_1 = \frac{R_1}{R_1 + R_2}U$$

$$U_2 = IR_2 = \frac{R_2}{R_1 + R_2}U$$

上式常称为分压公式，它确定了电阻串联电路外加电压 U 在各个电阻上的分配原则。每个电阻上的电压大小，决定于该电阻在总

电阻中所占的比例，这个比值称为分压比，图 1-23 是三个电阻串联的电路。

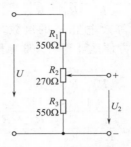

图 1-23　三个电阻串联电路

【1-8】 **什么情况是电阻的并联**

　　解： 如果电路中有两个或多个电阻连接在两个公共节点之间，则这样的连接方式称为电阻的并联，各个并联电阻上承受着同一电压，如图 1-24 所示。

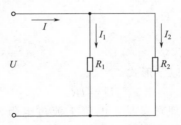

图 1-24　两个电阻并联电路图

根据欧姆定律，可以分别计算出每个电阻上的电流为

$$I_1 = \frac{U}{R_1} \quad I_2 = \frac{U}{R_2}$$

电路中未分支部分的电流，等于各个并联支路中电流 I 的总和，即

$$I = I_1 + I_2$$

两个并联电阻也可用一个等效电阻 R 来代替。等效电阻 R 可

由下式推出

$$\frac{U}{R} = \frac{U}{R_1} + \frac{U}{R_2}$$

多个电阻并联后的等效电阻 R 的倒数，等于各个支路电阻的倒数之和。由此式可以方便地计算出并联电路的等效电阻，即

$$\frac{1}{R} = \frac{1}{R_1} + \frac{1}{R_2}$$

$$R = \frac{1}{\dfrac{1}{R_1} + \dfrac{1}{R_2}} = \frac{R_1 R_2}{R_1 + R_2}$$

【1-9】 必须掌握的欧姆定律

解： 欧姆定律是一条最基本的电路定律，它的内容是，在一段电路中，流过该电路的电流与电路两端的电压成正比，与该段电路的电阻成反比。用公式表示如下

$$I = \frac{U}{R}$$

式中　R——电阻，Ω；

I——电流，A；

U——电压，V。

上式可以写成以下形式

$$U = IR$$

这个式子的物理意义是：电流 I 流过电阻 R 时，会在电阻 R 上产生电压降，电流 I 越大，电阻 R 越大，电阻上的电压降就越多。欧姆定律也可用下式表示

$$R = \frac{U}{I}$$

这个式子的物理意义是：在任何一段电路两端加上一定电压 U，可以测量出流过这段电路的电流 I，这时我们可以把这段电路等效为一个电阻 R。这个重要概念，在电路分析与计算中经常用到。

例如：手电筒原理接线图如图 1-25 所示，在通电点燃时的小灯泡灯丝电阻为 10Ω，电池电压为 3V，合上开关 SA，则根据欧姆

定律可求得通过小灯泡的电流为

$$I = \frac{U}{R} = \frac{3}{10} = 0.3\ (\text{A})$$

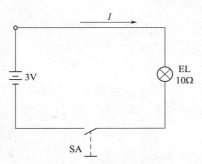

图 1-25　手电筒原理接线图

【1-10】 **全欧姆定律是什么**

解： 从图 1-26 是一个由电源 E、负载 R 和连接导线组成的闭合回路。实际上任何电源自身都是具有一定电阻的，电源自身的电阻叫电源内阻，用符号 R_0 表示。

为了方便，把电源等效为恒定电动势 E 和内阻 R_0 的串联支路，如图 1-27 所示。在这个闭合电路中，电流的大小可以由下式算出

$$I = \frac{E}{R_0 + R}$$

由上式表明，在只有一个电源的无分支闭合电路中，电流与电动势成正比，与全电路的电阻成反比，这个规律称为全电路欧姆定律。

根据全电路的欧姆定律可以得出

$$E = I(R + R_0) = IR + IR_0$$

式中 $U = IR$ 是外电路的电压降，在数值上等于电源的端电压，IR_0 是电源内阻上的电压降，即

$$E = U + IR_0$$

可以写成 $\qquad\qquad U = E - IR_0$

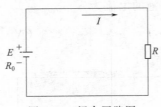

图 1-26　闭合回路图

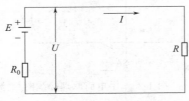

图 1-27　电源的内阻电路图

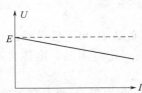

图 1-28　电源的外特性曲线图

电源的端电压 U 等于电动势 E 减去电源内阻上的电压降 IR_0，通常，电动势 E 和电源内阻 R_0 可以看成恒定不变的，当负载电流 I 变化时，电源端电压 U 也将发生波动。电源的端电压 U 与负载电流 I 之间的关系 $U=f(I)$ 称为电源的外特性，用函数图像表示如图 1-28 所示，显然，电流越大，则电源端电压下降得越多。如果电源内阻 R_0 很小，即 $R_0 \ll R$，则 $U \approx E$，此时负载变动时，电源的端电压变动不大。电源内阻的大小决定电源带负载的能力。

【**1-11**】　**什么是右手螺旋定则**

✋**解：**（1）通电直导线　法国物理学家安培通过实验确定了通电导线周围磁场的形状，他用一根粗铜线垂直地穿过一块纸板中部，又在硬纸板上均匀地撒上一层细铁粉。当用蓄电池给粗铜线通上电流时，用手轻轻地敲击纸板，纸板上的铁粉就围绕导线排列成一个个同心圆，如图 1-29 所示。仔细观察就会发现，离导线穿过的点越近，铁粉排列得越密。表明，离导线越近的地方，磁场越强。如果取一个小磁针放在圆环上，小磁针的指向就停止在圆环的切线方向上。小磁针北极（N 极）所指的方向就是磁力线的方向。改变导线中电流的方向，小磁针的方向也跟着改变，说明磁场的方向完全取决于导线中电流的方向。电流的方向与磁力线的方向之间可用右手螺旋定则来判定，如图 1-30 所示。把右手的大拇指伸直，四指围绕导线，当大拇指指向电流方向时其余四指所指的方向就是环状磁力线的方向。

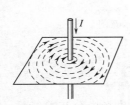

图 1-29　通电导线周围的磁场

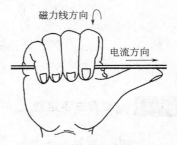

图 1-30　右手螺旋定则示意图

（2）通电线圈　在电气设备中如变压器、电动机、交流接触器等，都使用导线绕成的线圈。当线圈通入电流时，将会有磁力线穿过线圈，就如同条形磁铁一样，磁力线从线圈穿出的一端是北极（N 极），磁力线穿入的一端为南极（S 极），如图 1-31 所示。

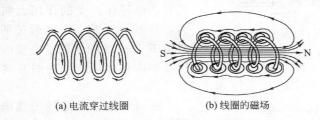

(a) 电流穿过线圈　　　　(b) 线圈的磁场

图 1-31　通电线圈产生磁场

通电线圈的磁场方向可以用线圈的右手螺旋定则（也称安培定则）来确定：将右手握住线圈，使弯曲的四指的指向与线圈中电流的方向一致，则与四指垂直的大拇指的方向就是穿过线圈的磁力线的方向，如图 1-32 所示。

通电线圈的磁场强弱，与线圈的绕线匝数及通入的电流大小成正比。电流 I 与匝数 N 的乘积称为磁动势。如果把线圈套在铁芯上，电流通过线圈时产生的磁场会把铁芯磁化，铁芯被磁化后产生的磁化磁场比电流的磁场增强几百倍、几千倍甚至上万倍。

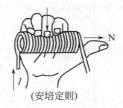

(安培定则)

图 1-32　右手螺旋定则示意图

【1-12】什么是左手定则

👆**解：**磁场是物质的一种形式，在磁场中分布着能量，它具有一些十分重要的特性。

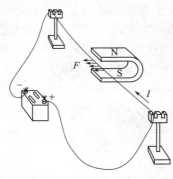

图 1-33　电磁力

取长度为 L 的直导体，放入磁场中，使导体的方向与磁场的方向垂直。当导体通过电流 I 时，就会受到磁场对它的作用力 F，这种磁场对通电导体产生的作用力叫电磁力，如图 1-33 所示。实验证明，电磁力 F 与磁场的强弱、电流的大小以及导体在磁场范围内的有效长度有关。

磁场内某一点磁场的强弱，可用长 1m，通有 1A 电流的导体上所受到的电磁力 F 来衡量（导体与磁场方向垂直），定义为磁感应强度，用符号 B 来表示，即

$$B = \frac{F}{IL}$$

式中　F——电磁力，N；

　　　I——电流，A；

　　　L——导体长度，m。

此时，磁感应强度 B 的单位为特斯拉，用 T 表示，B 是矢量。

如果在磁场中每一点的磁感应强度大小都相同，方向一致，这种磁场称为均匀磁场。

磁场对通电导体作用力 F 的方向可用左手定则来确定，如图 1-34 所示。将左手平伸，大拇指和四指垂直，让手心迎接磁力线，四指指向电流的方向，则大拇指所指的方向就是电磁力的方向。

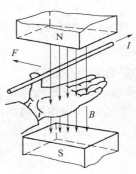

磁感应强度 B 与垂直于磁场方向的面积 S 的乘积，叫做磁通，用字母 Φ 表示，单位是韦伯（Wb）。磁通可理解为磁力线的根数，而磁感应强度 B 则相当于磁力线密度。磁感应强度 B 和磁通 Φ 之间的关系，用下式表示

图 1-34　左手定则示意图

$$\Phi = BS$$
$$B = \Phi/S$$

【1-13】 什么是右手定则

解： 实验证明，感应电动势 E 与磁场的磁感应强度 B、导体的有效长度 L 以及导体的运动速度 v 成正比，即

$$E = Blv$$

式中，B 的单位为特斯拉（T），l 的单位为米（m），v 的单位为米/秒（m/s）时，E 的单位为伏（V）。

上式说明导体切割磁力线的速度越快、磁场的磁力线越密以及导体在磁场范围内的有效长度越大，即导体在单位时间内切割的磁力线越多，导体中产生的感应电动势就越大。

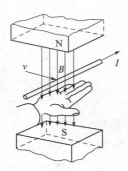

图 1-35　右手定则示意图

直导体中感应电动势的方向可用右手定则来判定，如图 1-35 所示。将右手平伸，手心迎接磁力线，大拇指和四指垂直，拇指指示导体运动的方向，则伸直的四指就指向感应电动势和电流的方向。

直导体在磁场中做切割磁力线的运动产生感应电动势的现象，只是电磁感应的一个特例。法拉第总结了大量电磁感应实验的结果，得出了一个确定感应电动势大小和方向的普遍规律，称为法拉第电磁感应定律。

法拉第电磁感应定律说明不论由于何种原因或通过何种方式，只要使穿过导体回路的磁通（磁力线）发生变化，导体回路中就必然会产生感应电动势。感应电动势的大小与磁通的变化率成正比，即

$$e = -\frac{\Delta\Phi}{\Delta t}$$

式中　$\Delta\Phi$——磁通变化量，Wb；

　　　Δt——时间变化量，s；

　　　e——感应电动势，V。

"$-$" 是用来确定感应电动势方向的。

若回路是一个匝数为 N 的线圈，则线圈中的感应电动势为

$$e = -N\frac{\Delta\Phi}{\Delta t}$$

【1-14】 什么是楞次定律

👆**解：** 俄国物理学家楞次通过大量电磁感应实验，得出一个确定感应电动势方向的普遍规律，称为楞次定律。楞次定律说明：当穿过导体回路的磁通量发生变化时，回路中产生的感应电流，总是要阻碍穿过回路的原来的磁通量的变化。或者说，感应电动势总

是要使它推动的感应电流反对产生这个电动势的原因。

　　当条形永久磁铁插入线圈或从线圈中抽出时，线圈中都会产生感应电动势，在线圈与检流计接成的闭合回路中流着感应电流。在做实验时，我们记下检流计所指示的电流方向然后根据线圈中感应电流的方向，应用右手螺旋定则判定感应电流所产生磁通 Φ_2 的方向。如图 1-36 所示。通过实验，我们发现一个规律，这就是：感应电流所产生的磁通 Φ_2，总是反对条形永久磁铁的磁通 Φ_1 的变化。也就是说，条形永久磁铁向线圈中插入时，穿过线圈的磁通 Φ_1 随时间增加，感应电流所产生的磁通 Φ_2 的方向与 Φ_1 的方向相反；条形永久磁铁从线圈中抽出时穿过线圈的磁通 Φ_1 随时间减少，感应电流所产生的磁通 Φ_2 的方向与 Φ_1 的方向相同。

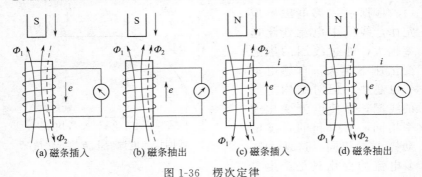

(a) 磁条插入　　　(b) 磁条抽出　　　(c) 磁条插入　　　(d) 磁条抽出

图 1-36　楞次定律

【1-15】 线圈与电感是怎样的关系

　　解： 在线圈中通过电流的时候，就会有磁通穿过线圈。当线圈中电流发生变化或接通与断开线圈回路时，穿过线圈的磁通也随之发生变化。根据法拉第电磁感应定律，穿过线圈的磁通发生变化时，线圈中就会产生感应电动势。这种由于线圈自身电流变化，在线圈自身引起感应电动势的现象，称为自感应。自感应产生的电动势叫自感电动势，用符号 e_L 表示。

　　在图 1-37 中将开关 SA 闭合的瞬间，流过线圈的电流从无到有，发生急剧变化，变化的电流产生变化的磁通，在线圈中引起自

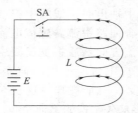

图 1-37 线圈中的自感电动势

感电动势，自感电动势反对电流的变化，所以它的方向与电源电动势方向相反。图 1-37 中单箭头表示电源电动势的方向，双箭头表示自感电动势的方向。

在线圈接通电源时，由于线圈中自感电动势阻碍电流的增加，所以电流不可能立刻达到最终的稳定值，而是从 0 逐渐上升到稳定值，如图 1-38 所示。由此可以得出一个十分重要的结论：通过电感的电流不能突变。

根据法拉第电磁感应定律，线圈中电流变化速率越大，通过线圈的磁通变化速率越大，自感电动势也越强。但对结构不同的线圈，即使电流变化速率相同，所引起的自感电动势也不相同。这就意味着电流的变化只是产生自

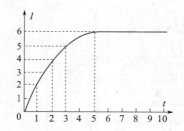

图 1-38 线圈接通电源后电流的变化情况

感电动势的外因，线圈的结构特点决定着它产生自感电动势的固有能力，是内因。为此引出一个体现线圈自身产生自感电动势固有能力的物理量，称为电感量，简称电感，用 L 表示。

电感 L 的大小是这样规定的：如果通过线圈的电流每 1s 变化 1A，线圈中产生的自感电动势为 1V，则电感定为 1 亨利，用 H 表示，于是有

$$e_{\mathrm{L}} = -L\,\frac{\Delta I}{\Delta t}$$

显然，自感电动势 e_{L} 的大小与线圈中的电感 L 及电流变化速率 $\Delta I / \Delta t$ 成正比。

第2章
解读三相交流电的知识

Chapter 02

【2-1】 **交流电是怎么产生的**

解： 我们都知道电生磁、磁生电吧？电生磁的条件是：导线中通过电流，在导线的周围产生磁场；磁生电的条件是：导线在磁场中运动时切割磁力线或运动永久磁铁磁场的磁力线切割导线或线圈，在导线或线圈中产生电。

交流电是交流发电机利用电磁感应原理发出，交流发电机的工作原理和结构如图 2-1 所示，在 N、S 两个磁极之间有一个装在轴上的圆柱形铁芯，它可以在磁极之间转动，称为转子。转子铁芯槽内嵌放着线圈（图中只画出了其中的一匝）。为了便于研究，可把图 (a) 简化成图 (b) 的形式。

设转子以均匀的角速度 ω 顺时针方向旋转，则导线也随转子一起旋转 [图 2-1 (b)]。导线转到位置 1 时，切割不到磁力线，导线中不产生感应电动势。转到位置 2 时，将因切割磁力线产生感应电动势，用右手定则可判定其方向是由外向里的。当转到位置 5 时，不切割磁力线，没有感应电动势产生。转到位置 6 时又将切割磁力线而产生感应电动势。用右手定则可以判定其方向是从里向外的。这样，导线随转子旋转一周时，导线中感应电动势的方向交变一次，即转到 N 极下是一个方向，转到 S 极上变为另一个方向，

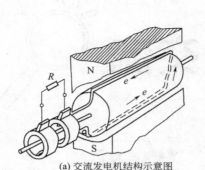 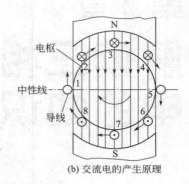

(a) 交流发电机结构示意图　　　　(b) 交流电的产生原理

图 2-1　交流电的产生原理示意图

这就是产生交流电的基本原理。

目前工业、农业和日常生活中所使用的电能，几乎都取自电网，发电厂供给用户的都是交流电，如图 2-2 所示，是一个简单的交流电路。当交流电源出线端 a 为正极，b 为负极时，电流就从 a 端流出经过负载 R 流回 b 端，如图中实线箭头所示。当出线端 a 变为负极时，b 变为正极，电流就由 b 端流出，经过负载 R 流回 a 端，如图中虚线箭头所示。

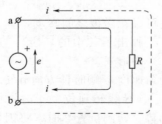

图 2-2　简单交流电路图

交流电不仅方向随时间周期性变化，其大小也随时间连续变化，在每一瞬间都会有不同的数值。所以，在交流电路中，采用小写字母 i、u、e 等表示交流电的瞬时值。

【2-2】 正弦波交流电是怎么回事

解： 　发电厂、电力网供给用户的都是正弦波交流电。正弦规律变化的交流电是怎样获得的？原来在制造发电机时，把磁极的极面制成特定的形状，使转子和定子间空隙中的磁感应强度 B 按正弦规律分布，磁感应强度 B 随 α 角变化的规律如图 2-3 所示。

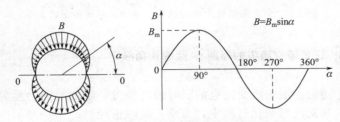

图 2-3　发电机气隙中磁感应强度的分布图

由于发电机线圈导体的长度 l、导体切割磁力线的速度 v 都是不变的，则感应电动势 e 也是按正弦规律变化的，如图 2-4 所示。据此，可列出正弦函数式

$$e = E_m \sin\alpha$$

由于发电机转子是以角速度 ω 旋转，而角速度就是单位时间转过的角度，即

$$\omega = \frac{\alpha}{t}$$

可得 $\alpha = \omega t$，代入感应电动势 e 的正弦函数表示式中，得到感应电动势随时间 t 变化的公式，即

$$e = E_m \sin\omega t$$

同理，感应电流可以写成

$$i = I_m \sin\omega t$$

式中　E_m，I_m——感应电动势和感应电流的最大值（又叫幅值或峰值）；

$\quad\quad\quad \omega t$——角度，在 0°～360°间变化。

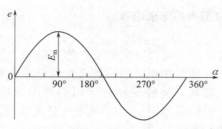

图 2-4 交流发电机产生的感应电动势 e 与转角 α 的关系

【2-3】 正弦波交流电的周期、 频率和角频率

解： 正弦波交流电的瞬时值每经过一定的时间会重复变化一次。在交流电变化过程中，由某一瞬时值经过一个循环后变化到同样方向和大小的瞬时值，叫做变化一周。交流电变化一周表示为 $360°$ 或 2π 弧度，称为电角度。

交流电周期图形如图 2-5 所示，它每变化一周所需用的时间叫周期，用字母 T 表示，以秒（s）为单位。周期越短，交流电变化越快。我国电力网供给的交流电，周期为 $0.02s$。

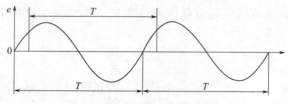

图 2-5 交流电周期图形

在 1s 内变化的周期数，叫做交流电的频率，用字母 f 来表示。每 1s 变化一周期，定为 1 赫兹（Hz）。我国电力网供给的交流电都是 50Hz。

周期与频率的关系为

$$T = \frac{1}{f} \qquad f = \frac{1}{T}$$

在进行正弦交流电路的计算时，常采用角频率 ω 这一参数。角

频率 ω 与频率 f 的差别就是角频率用每秒钟所经历的角度来表示交流电变化的快慢。交流电变化一周可表示为 $360°$，也就是 2π 弧度。因此角频率 ω 与频率 f、周期 T 的关系为

$$\omega = \frac{2\pi}{T} = 2\pi f$$

ω 的单位为弧度/秒，常写成 rad/s。50Hz 相当于 314rad/s。

【2-4】 三相交流电的产生

解： 概括地说，三相交流电是三个单相交流电的组合，这三个单相交流电的最大值相等，频率相同，只是在相位上彼此相差 $120°$。

三相交流电的产生过程与单相交流电基本相似。三相交流发电机工作原理如图 2-6 所示。发电机的定子绕组分为三组，每一绕组称为一相，各相绕组在空间位置上彼此相差 $120°$，对称地嵌放在定子铁芯内侧的线槽内。它们的始端（A、B、C）在空间位置上彼此相差 $120°$，它们的末端（X、Y、Z）在空间位置上彼此相差 $120°$。转子上装置着 N、S 两个磁极，当转子以角速度 ω 逆时针方向旋转时，由于三个相的绕组在铁芯中放置的位置彼此相隔 $120°$，所以一旦磁极转到正对 A-X 绕组时，A 相电动势达到最大值 E_m，而 B 相绕组需要等磁极再转 $1/3$ 周（即 $120°$）后，其中的电动势才达到最

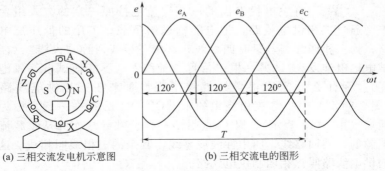

(a) 三相交流发电机示意图　　　　(b) 三相交流电的图形

图 2-6　三相交流发电机工作原理

大值，也就是 A 相电动势超前 B 相电动势 120°。同理，B 相电动势超前 C 相电动势 120°，C 相电动势又超前于 A 相电动势 120°。显然，三相电动势的频率相同，最大值相等，只是初相角不同。若以 A 相电动势的初相角为 0°，则 B 相为 −120°，C 相为 120°。用三角函数式表示为

$$e_A = E_m \sin\omega t$$
$$e_B = E_m \sin(\omega t - 120°)$$
$$e_C = E_m \sin(\omega t + 120°)$$

三相交流电的矢量图如图 2-7 所示。

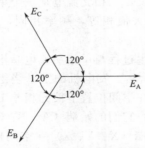

图 2-7　三相交流电矢量图

【2-5】三相四线制供电线路怎样工作的

解： 将发电机发出的三相交流电按照一定的方式组合起来，通过三相供电线路，把电能输送给负载。工厂的低压配电线路，为三相四线制，只有四根线，其中三根线俗称"火线"（能使试电笔氖泡发亮），另一根线俗称"地线"（不能使试电笔氖泡发亮）。为什么只需四根导线就够了呢？原来在三相供电线路中（图 2-8），A、B、C 三相绕组的末端 X、Y、Z 接在一起，称为中性点（用"O"表示），以 O 点引出一根公共导线作为从负载流回电源的公共回路线，叫中性线或零线，其余的三根线叫相线。这样的供电线路叫三相四制供电线路。

在应用中也许会认为中性线上的电流 i_0。

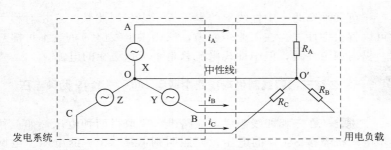

图 2-8　三相四线制供电线路

$$i_0 = i_A + i_B + i_C$$

一定比每根相线中的电流都要大。但是，我们只要观察一下低压架空线路就会发现，一般情况下中性线都比相线要细或与相线一般粗，这又怎么解释呢？为了回答这个问题，下面我们就来分析一下中性线上的电流到底有多大。

假定三个相是对称的，各相负载完全相同，三相电流的有效值也相等，则三相电流的三角函数表示式为

$$i_A = I_m \sin\omega t$$
$$i_B = I_m \sin(\omega t - 120°)$$
$$i_C = I_m \sin(\omega t + 120°)$$

这三个相的电流波形如图 2-9 所示。任取 a、b、c、d 四个瞬间，不论哪个瞬间，三相电流的瞬时值之和等于零。这就意味着，

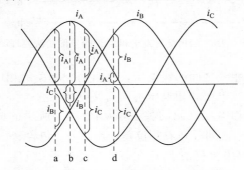

图 2-9　三相对称电流的波形图

在三相负载平衡时，中性线上的电流等于零，因此某些三相对称负载可以省去中性线。在工业企业中，三相供电线路的负载不可能对称，仍需加中性线，但中性线电流总是小于每一相的电流。

【2-6】 **怎么在三相四线制供电线路中取得380V、220V两种电压**

解： 在三相四线制供电线路中，要取得两种电压，如三相异步电动机需接380V的电压，而照明则需接220V的电压。电网如何提供两种电压呢？它们之间有什么关系？这里，首先引出三相电源中相电压与线电压的概念，如图2-10所示，图中采用三相交流发电机绕组的星形接法。一般规定，发电机每相绕组两端的电压（也就是相线与中性线之间的电压）称为相电压，用 U_A、U_B、U_C 表示。两相始端之间的电压（也就是相线与相线之间的电压）称为线电压，用 U_{AB}、U_{BC}、U_{CA} 表示。线电压下脚注字母的顺序表示线电压的正方向，如 U_{AB} 表示线电压的正方向是从A线到B线，书写时不能任意颠倒，否则将在相位上相差180°。

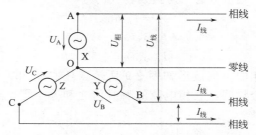

图2-10　三相交流发电机绕组的星形接法原理图

任意两根相线之间的线电压，是由两个相关的相电压共同作用的结果，所以线电压和相电压不同而又有关系。

线电压和相电压之间的关系，从图2-11所示的矢量图可以看出：线电压 U_{AB} 之间存在着相位差，所以 U_{AB} 包含着A和B两相的电压，但由于 U_A 和 U_B 之间存在着相位差，所以 U_{AB} 等于 U_A 与 U_B 的矢量和。又因为 U_A 和 U_B 是反向串联的，所以 U_{AB} 就等于 U_A 加上负的 U_B。利用矢量图可以推出线电压的关系为

$$\frac{1}{2}U_{AB} = U_A\cos30° = \frac{\sqrt{3}}{2}U_A$$

即
$$U_{AB} = \sqrt{3}\,U_A$$

变成一般公式：

$$U_{线} = \sqrt{3}\,U_{相}$$

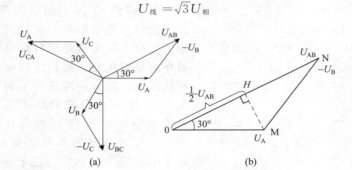

(a)　　　　　　　　　　(b)

图 2-11　相电压与线电压之间关系的矢量图

由以上分析可以得出以下结论：交流发电机三相绕组作星形连接时，线电压的有效值等于相电压有效值的 $\sqrt{3}$ 倍，在相位上线电压较它对应的相电压超前 30°。

我们平时所说的 220V 就是相电压，而星形接法的线电压则为 380V，如图 2-12 所示。

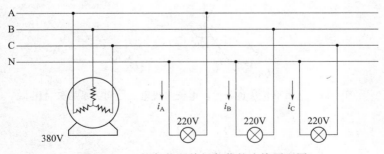

图 2-12　三相负载和单相负载的连接原理图

三相电源每相绕组或每相负载中的电流叫相电流；而由电源向

负载每一相供电线路上的电流叫线电流。显然，在星形接法中，相电流等于线电流。

【2-7】 **什么是平衡负载三角形接线**

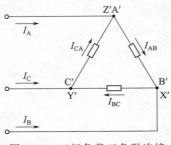

图 2-13 三相负载三角形连接

✋**解：** 许多三相平衡负载，如三相异步电动机等，常接成三角形。三角形接法就是把各相负载的首尾端分别接在三根相线的每两根相线之间，接入顺序是：A′相负载末端 X′接 B′相负载的始端 B′，B′相负载的末端 Y′接 C′相负载的始端 C′，C′相负载的末端 Z′接 A′相负载的始端 A′，最后将三个连接点分别接到电源的三根相线上，如图 2-13 所示，由图可以看出，线电流 I_A 等于相电流 I_{AB} 与 （$-I_{CA}$）的矢量和。

线电流与相电流的关系可绘成矢量图，如图 2-14 所示，可证明

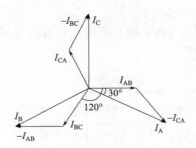

图 2-14 三角形接法负载的相电流与线电流之间关系的矢量图

$$I_A = \sqrt{3}\, I_{AB}$$

写成一般公式为

$$I_{线} = \sqrt{3}\, I_{相}$$

综上所述，三相对称负载作三角形连接时，线电流的有效值等

于相电流有效值的 $\sqrt{3}$ 倍，线电流在相位上较它对应的相电流滞后 30°。

　　一台接成三角形的电动机，在电源线上的接法如图 2-15 所示。可以看出，负载作三角形连接时，线电压等于相电压。

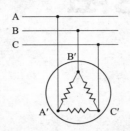

图 2-15　接成三角形的电动机在电源线上的接法

第3章
解读电阻

Chapter 03

【3-1】 什么是电阻器

解：（1）电阻器通常简称为电阻，电阻分为固定电阻和可变电阻两种。根据制造材料和结构不同又分为碳膜电阻、金属膜电阻、有机实心电阻、线绕电阻、固定抽头电阻、可变电阻、滑线式变阻电阻及片状电阻等。

（2）电阻具有的特性

① 碳膜电阻具有稳定高、高频特性好、负温度系数小、脉冲负荷稳定及成本低等特点。

② 金属膜电阻具有稳定性高、温度系数小、耐热性能好、噪声小、工作频率范围宽及体积小等特点。

③ 电阻实物如图 3-1 示例。

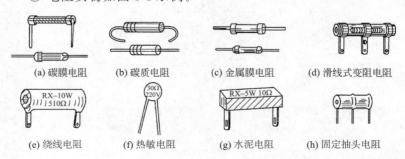

(a) 碳膜电阻　　(b) 碳质电阻　　(c) 金属膜电阻　　(d) 滑线式变阻电阻

(e) 绕线电阻　　(f) 热敏电阻　　(g) 水泥电阻　　(h) 固定抽头电阻

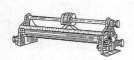

(i) 滑线变阻器　　　　　(j) 直滑式电位器　　　　　(k) 玻璃釉电阻器

图 3-1　电阻实物图

【3-2】　**各种电阻的名称和符号**

👆**解：** 电阻的文字符号为 R，各种类型电阻的图形符号如图 3-2所示，

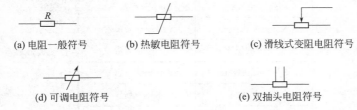

(a) 电阻一般符号　　　(b) 热敏电阻符号　　　(c) 滑线式变阻电阻符号

(d) 可调电阻符号　　　　　　(e) 双抽头电阻符号

图 3-2　电阻图形符号

【3-3】　**电阻的型号命名**

👆**解：** (1) 电阻型号命名由 4 部分组成，如图 3-3 所示。第 1 部分用字母"R"表示电阻主称，第 2 部分用字母表示构成电阻的材料，第 3 部分用数字表示电阻的分类，第 4 部分用数字表示序号。

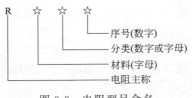

图 3-3　电阻型号命名

（2）电阻型号的意义如表 3-1 所示。例如型号 RT11，表示普通碳膜电阻；型号 RJ71，表示精密金属膜电阻。

电阻值简称阻值，基本单位是欧姆，简称欧（Ω），常用单位有千欧（kΩ）和兆欧（MΩ），它们之间的关系是

$$1M\Omega = 1000k\Omega$$

$$k\Omega = 1000\Omega$$

表 3-1　电阻型号意义

第 1 部分	第 2 部分	第 3 部分	第 4 部分
R	H——合成碳膜	1——普通	序号
	I——玻璃釉膜	2——普通或阻燃	
	J——金属膜	3——超高频	
	N——无机实心	4——高阻	
	C——沉积膜	5——高温	
	S——有机实心	7——精密	
	T——碳膜	8——高压	
	X——线绕	9——特殊	
	Y——氧化膜	G——高功率	
	F——复合膜	T——可调	

【3-4】　色环电阻的辨别

解： 色环电阻是将阻值以色环的形式表示的电阻，色环有以下几种颜色：棕、红、橙、黄、绿、蓝、紫、灰、白、黑、金、银。其中金、银两色表示误差值。国际上现在很多电阻都以色环标注电阻值。各颜色所代表的数字如表 3-2 所示。

举例说明，有一个 4 环电阻，环①是红色，环②是绿色，环③是棕色，环④是金色，这个电阻的阻值是 250Ω，偏差为±5％。色环电阻的辨别如图 3-4 所示。

表 3-2 各颜色所代表的数字

颜色	有效数字	乘积	公偏差
棕	1	10	±1%
红	2	10^2	±2%
橙	3	10^3	
黄	4	10^4	
绿	5	10^5	±0.5%
蓝	6	10^6	±0.25%
紫	7	10^7	±1%
灰	8	10^8	
白	9	10^9	±（5%～20%）
黑	0	10^0	
金	0.1	10^{-1}	±5%
银	0.01	10^{-2}	±10%

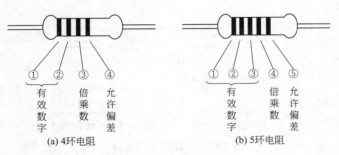

(a) 4环电阻　　　　(b) 5环电阻

图 3-4　色环电阻辨别图示

【3-5】 怎么计算电路中的电阻

解：

（1）电阻串联　电路中，若干个电阻依次相连，如图 3-5 所示，在各个连接点都无分支，这种连接方式称为串联。其等效电阻

R 等于各电阻之和，即

$$R = R_1 + R_2 + R_3$$

设有三个电阻串联，$R_1 = 2\Omega$，$R_2 = 3\Omega$，$R_3 = 6\Omega$。其总电阻为

$$R = 2 + 3 + 6 = 11 \ (\Omega)$$

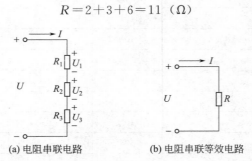

(a) 电阻串联电路　　　　　(b) 电阻串联等效电路

图 3-5　电阻串联电路

（2）电阻并联　电路中，有若干个电阻一端连在一起，另一端也连在一起，各个电阻所承受的电压相同，为电阻并联的电路，如图 3-6所示。

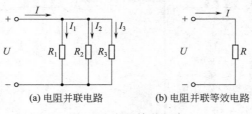

(a) 电阻并联电路　　　　　(b) 电阻并联等效电路

图 3-6　电阻并联电路

电阻并联，其等效电阻 R 的倒数等于各并联电阻倒数之和，即

$$\frac{1}{R} = \frac{1}{R_1} + \frac{1}{R_2} + \frac{1}{R_3}$$

上式可变成　　　　　$G = G_1 + G_2 + G_3$

式中　G——电导，$G = \dfrac{1}{R}$，S。

并联电路的电导等于各支路电导之和。

两个电阻 R_1 及 R_2 并联，则其等效电阻为

$$R = \frac{R_1 R_2}{R_1 + R_2}$$

若两个相同的电阻并联，则并联后的等效电阻为单个电阻的 $\frac{1}{2}$。

设如，$R_1 = 3\Omega$，$R_2 = 6\Omega$，$R_3 = 2\Omega$，则

$$R = \frac{1}{3} + \frac{1}{6} + \frac{1}{2} = 1 \ (\Omega)$$

（3）电阻混联　电路中，电阻有串联、并联的电路，称为电阻的混联电路，如图 3-7 所示。电路中有 R_3 与 R_4 为串联，串联后与 R_2 并联，并联后再与 R_1 串联。为方便书写，并联用 "$//$" 表示，则图 3-7 所示电路等效电阻为

$$R = [(R_3 + R_4) \ // \ R_2] + R_1$$

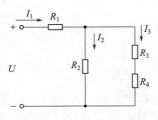

图 3-7　电阻的混联电路

例题：电路如图 3-8 所示，求等效电阻 R。

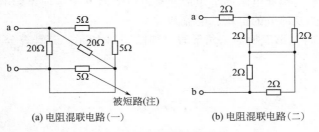

(a) 电阻混联电路(一)　　　　　(b) 电阻混联电路(二)

图 3-8　电阻混联电路示例

图 3-8 （a）中：$R_{ab} = (5+5) // 20 // 20 = 5 (\Omega)$

图 3-8 （b）中：$R_{ab} = [(2//2) + (2//2)] + 2 = 4 (\Omega)$

注：图 3-8 （a）电阻混联电路中的 R 为 5Ω 的电阻被短路，在运行中 R 为 5Ω 的电阻上可视为无电流流过。

【3-6】 电阻星形连接与三角形连接的变换计算

解：

（1）电阻星形连接和三角形连接，求等效电阻 R　如图 3-9 所示，由 R_1、R_2、R_3 三个电阻组成一个星形（Y），称为星形连接。如图 3-10 所示，由 R_{12}、R_{23}、R_{31} 三个电阻组成一个三角形（△），称为三角形连接。

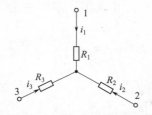

图 3-9　电阻星形连接电路

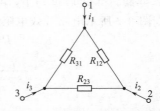

图 3-10　电阻三角形连接电路

正常情况下，组成 Y 形或△形的三个电阻可为任意值。若组成 Y 形的三个电阻相等，即 $R_1 = R_2 = R_3 = R_Y$，称为对称 Y 形；同理若 $R_{12} = R_{23} = R_{31} = R_\triangle$，则称为对称△形。

（2）电阻星、角形连接等效变换计算　要在一定的条件下，电阻的星形连接和电阻的三角形连接可以等效互换，而不影响网络之外未经变换部分的电压、电流和功率。

① 将星形变换为三角形时，如图 3-11 所示，其计算公式为

$$\begin{cases} R_{12} = \dfrac{R_1R_2 + R_2R_3 + R_3R_1}{R_3} \\[2mm] R_{23} = \dfrac{R_1R_2 + R_2R_3 + R_3R_1}{R_1} \\[2mm] R_{31} = \dfrac{R_1R_2 + R_2R_3 + R_3R_1}{R_2} \end{cases}$$

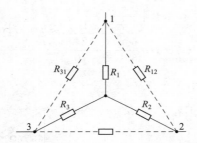

图 3-11　电阻星形与三角形连接等效变换图

将星形变换为三角形时，某边的电阻为"两两积和除对面"。若星形连接的三个电阻相同，即 $R_1 = R_2 = R_3 = R_Y$，则

$$R_{12} = R_{23} = R_{31} = 3R_Y$$

② 将电阻的三角形连接等效变换为电阻的星形连接如图 3-4 所示，其计算公式为

$$\begin{cases} R_1 = \dfrac{R_{12}R_{31}}{R_{12} + R_{23} + R_{31}} \\[2mm] R_2 = \dfrac{R_{12}R_{23}}{R_{12} + R_{23} + R_{31}} \\[2mm] R_3 = \dfrac{R_{23}R_{31}}{R_{12} + R_{23} + R_{31}} \end{cases}$$

将三角形变换为星形时，某支的电阻为"两臂之积除和三"。若三角形连接的三个电阻相同时，即 $R_{12} = R_{23} = R_{31} = R_\triangle$，则

$$R_1 = R_2 = R_3 = \frac{1}{3}R_\triangle$$

【3-7】 举例介绍星形变换三角形等效电阻

解: 图 3-12 所示电路中 R_1、R_2、R_3 三个电阻的星形连接变换为三角形连接，如图 3-13 所示。因为 $R_1 = R_2 = R_3 = 2\Omega$，则等效变换后三个电阻为 $R_\triangle = 3R_Y = 6\Omega$。经变换后电路为电阻的串并联电路，其等效电阻为

$$R_{AB} = \frac{6 \times \left(\dfrac{6 \times 3}{6 + 3} + \dfrac{24}{10} \right)}{6 + \dfrac{6 \times 3}{6 + 3} + \dfrac{24}{10}} \approx 2.5 \ (\Omega)$$

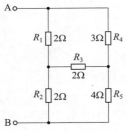

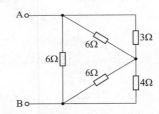

图 3-12　电路变换之前的电路　　图 3-13　经变换后为电阻的串并联电路

【3-8】 举例介绍三角形变换星形等效电阻

解: 如图 3-14 所示电路，已知 $R_1 = 10\Omega$，$R_2 = 20\Omega$，$R_3 = 20\Omega$，$R_4 = 60\Omega$，$R_5 = 40\Omega$。求电路的等效电阻 R_{AB}。

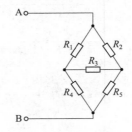

图 3-14　电路等效前图

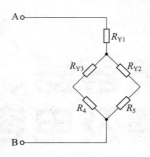

图 3-15 电路等效后图

可根据△-Y 等效条件，将电阻 R_1、R_2、R_3 等效变换为 Y 形连接，如图 3-15 所示。其等效电阻为

$R_{Y1} = R_1 R_2/(R_1 + R_2 + R_3) = 10 \times 20/(10 + 20 + 20) = 4$（Ω）

$R_{Y2} = R_2 R_3/(R_1 + R_2 + R_3) = 20 \times 20/(10 + 20 + 20) = 8$（Ω）

$R_{Y3} = R_3 R_1/(R_1 + R_2 + R_3) = 10 \times 20/(10 + 20 + 20) = 4$（Ω）

再根据电阻串并联可得

$$R_{AB} = R_{Y1} + (R_{Y3} + R_4) /\!/ (R_{Y2} + R_5)$$
$$= 4 + (4 + 60) /\!/ (8 + 40)$$
$$= 31.43$$（Ω）

当然，此题也可将电阻 R_1、R_3、R_4 等效为三角形连接进行求解。

第4章
解读电容器、电感器及电容计算

Chapter 04

【4-1】 常用的几种电容器介绍

解： 电容器通常简称为电容，电容器的种类很多，可分为可调容量电容器、固定容量电容器；电子元件用电容器或工业用电容器；有极性和无极性的电容器。

最常用电子元件电容器如图 4-1 所示。

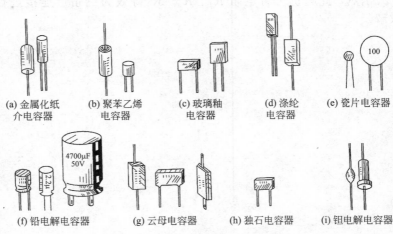

(a) 金属化纸介电容器　(b) 聚苯乙烯电容器　(c) 玻璃釉电容器　(d) 涤纶电容器　(e) 瓷片电容器

(f) 铝电解电容器　(g) 云母电容器　(h) 独石电容器　(i) 钽电解电容器

图 4-1　电子元件常用电容器外形

【4-2】 **电容器具有什么特性**

 解： 电容器具有隔直流电流、通交流电流的特性，在电子技术中有广泛的应用，如在滤波、调谐、耦合、振荡、匹配、延迟、补偿等电路中，是必不可少的电子元件。

值得注意的是：使用有极性的电容器时，要注意电容器引线正、负极之分，在电路中，其正极引线接在电位高的一端，负极引线接在电位低的一端。如果极性接反了，会使漏电电流增大，容易损坏电容器。

【4-3】 **电容器的图形符号**

解：

① 电容器用字母 C 表示，电容器符号如图 4-2 所示。

② 电容器的型号命名由 4 个部分组成，第 1 部分用字母 "C" 表示电容器的主称，第 2 部分用字母表示电容器的介质材料，第 3 部分用数字或字母表示电容器的类别，第 4 部分用数字表示序号，如图 4-3 所示。

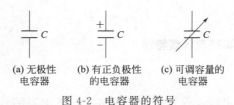

图 4-2　电容器的符号

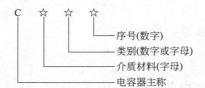

图 4-3　电容器的型号组成图

③ 电容器储存电荷的能力叫做电容量，基本单位是法拉（F）。因为法拉在实际运用中往往显得太大，一般常用微法"μF"和皮法"pF"作为单位，它们之间的关系是

$$1F = 10^6 \mu F$$
$$1F = 10^{12} pF$$

【4-4】 电容器的相关计算公式

 解： 电容器是由被绝缘介质隔开的两个彼此靠得很近的金属导体构成的。电容器的基本特性是能储存电荷和电场能量。

电容量：是电容器储存电荷大小的物理量，即电容器的两极间在电压的作用下所储存的电荷量，则

$$C = \frac{Q}{U}$$

式中　Q——一个极板上所储存的电量，C；

　　　　U——两极板间的电压，V；

　　　　C——电容量，F。

电容器中储存的电场能量用 W 表示，单位是焦耳（J），即

$$W = \frac{1}{2}CU^2 \qquad (J)$$

【4-5】 电容器串联有什么特性

 解：

① 电容器串联：等效电容的倒数等于各电容倒数之和，即

$$\frac{1}{C} = \frac{1}{C_1} + \frac{1}{C_2} + \cdots + \frac{1}{C_n}$$

② 两电容器串联：等效电容为

$$C = \frac{C_1 C_2}{C_1 + C_2}$$

③ 各电容器所带电量相等，且等于总电量

$$Q = Q_1 = Q_2 = \cdots = Q_n$$

④ 各电容器电压分配与其电容量成反比。两电容器串联分压

公式为

$$U_1 = \frac{C_2}{C_1 + C_2}U, \ U_2 = \frac{C_1}{C_1 + C_2}U$$

【4-6】 **举例计算电容器串联时最大电压**

解:

① 首先求出每只电容器的额定电荷量。

② 取小的额定电荷量当作电路中允许通过的最大电荷量。

③ 用最小的额定电荷量除以等效电容即可得出最大电压。

例题:有两个电容,C_1 为 $4\mu F$,$100V$,C_2 为 $10\mu F$,$200V$。

试求:

① 计算两个电容串联后的总电容量多少?

② 若在电容两端接入 $380V$ 电压,电容器会怎样?

解:

① 电容量　$C = \dfrac{C_1 C_2}{C_1 + C_2} = \dfrac{4 \times 10}{4 + 10} = 2.86 \, (\mu F)$

② 接入电压 $380V$

$$U_1 = \frac{C_2}{C_1 + C_2}U = \frac{10}{4 + 10} \times 380 = 271.4 \, (V)$$

$$U_2 = \frac{C_1}{C_1 + C_2}U = \frac{4}{4 + 10} \times 380 = 108.6 \, (V)$$

由于加在 C_1 上的电压为 $271.4V$,超过其耐压 $100V$,故 C_1 要被击穿,当 C_1 被击穿后,C_2 将承受电源电压 $380V$,也超过其耐压 $200V$,C_2 在 C_1 被击穿后也要被击穿。

【4-7】 **举例计算电容器串联后接入的最高电压**

设:有两个电容器串联,C_1 为 $100pF$,$600V$;C_2 为 $300pF$,$300V$。串联后能接入最高电压是多少?电容器按图 4-4 所示依次串接。

解:Q_1、Q_2 的电量

$$Q_1 = C_1 U_1 = 100 \times 10^{-12} \times 600 = 6 \times 10^{-8} (C)$$

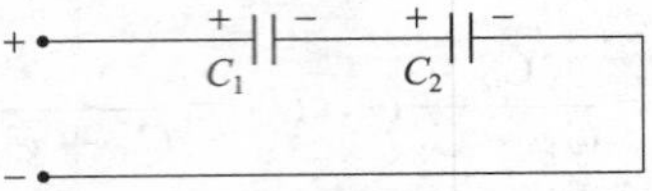

$$C_1 \quad C_2$$

图 4-4　两个电容器串联电路

$$Q_2 = C_2 U_2 = 300 \times 10^{-12} \times 300 = 9 \times 10^{-8}\,(\text{C})$$

电容量 C

$$C = \frac{C_1 C_2}{C_1 + C_2}$$
$$= 100 \times 300/400 = 75\,(\text{pF})$$

两极间的电压 U

$$U = \frac{Q}{C} = Q_1/C = 6 \times 10^{-8}/(75 \times 10^{-12}) = 800\,(\text{V})$$

【4-8】 电容器并联电路及等效电路有什么特性

👉 **解：** 电容器的并联电路及其等效电路如图 4-5 所示。

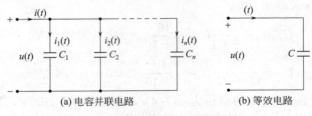

(a) 电容并联电路　　　　　　　(b) 等效电路

图 4-5　电容器并联电路及其等效电路

① 各电容器的电压相等

$$U = U_1 = U_2 = \cdots = U_n$$

② 各电容器所存储的电量与其电容量成正比，两电容器并联后电容量

$$Q_1 = \frac{C_1}{C_1 + C_2} Q,\ Q_2 = \frac{C_2}{C_1 + C_2} Q$$

③ 等效电容等于各电容之和

$$C = C_1 + C_2 + \cdots + C_n$$

【4-9】 举例计算电容器并联后接入的最高电压

设：有三个电容器并联，C_1 为 $24\mu F$，$25V$；C_2 为 $20\mu F$，$40V$；C_3 为 $40\mu F$，$100V$。求总容量及最高电压。

解：

C（总容量）为　　$C = C_1 + C_2 + C_3 = 24 + 20 + 40 = 84$（$\mu F$）

U（最高电压）为　　$U = U_1 = 25V$

【4-10】 举例计算电容器混联的等效电容及最高电压

设：有三个电容器混联如图 4-6 所示。

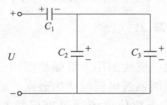

图 4-6　电容器混联电路

图中 C_1 为 $30\mu F$，$40V$；C_2 为 $10\mu F$，$20V$；C_3 为 $20\mu F$，$50V$。求允许加的最大电压，及在此电压下的各电容分电压。

解：

C_{23} 容量为　　$C_{23} = C_2 + C_3 = 10 + 20 = 30$（$\mu F$）

C_{23} 最高电压为　　　　　$C_{23} = 20V$

C_{123}（总容量）为

$$C_{123} = \frac{C_1 C_{23}}{C_1 + C_{23}}$$

$$= \frac{30 \times 30}{30 + 30} = 15 \text{（}\mu F\text{）}$$

Q_1 为　$Q_1 = C_1 U_1 = 30 \times 10^{-6} \times 40 = 1.2 \times 10^{-3}$（C）

Q_{23} 为　$Q_{23} = C_{23} U_{23} = 30 \times 10^{-6} \times 20 = 6 \times 10^{-4}$（C）

C_1，C_{23} 串联后的最大电量 Q_{123} 为

$$Q_{123} = Q_1 = 1.2 \times 10^{-3}\,(\text{C})$$

C_1、C_{23}串联后最高电压为

$$U_{123} = \frac{Q_{123}}{C_{123}}$$

$$= \frac{1.2 \times 10^{-3}}{15 \times 10^{-6}} = 80\,(\text{V})$$

U_1为

$$U_1 = \frac{C_{23}}{C_1 + C_{23}} U_{123}$$

$$= \frac{30}{30 + 30} \times 80 = 40\,(\text{V})$$

U_2为
$$U_2 = U_3 = 80 - 40 = 40\,(\text{V})$$

【4-11】 什么是电感器

解： 把导线绕成线圈用于增强线圈内部磁场，称为电感器或电感线圈。电感线圈通过电流时产生磁通，磁通 Φ 与电流 I 的比例常数，在数值上等于单位电流通过电感线圈时产生磁通的绝对值，即

$$L = \frac{\Phi}{I}$$

式中　L——电感量，H；

　　　Φ——磁通，Wb；

　　　I——通入电感线圈的电流，A。

电感线圈中储存的磁场能量用 W 表示，单位是 J，即

$$W = \frac{1}{2}LI^2 \qquad (\text{J})$$

【4-12】 电感器串联电路有哪些特性

解：

（1）电感器串联电路如图 4-7 所示。

（2）电感器串联电路的性质

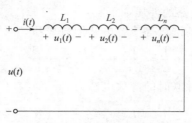

图 4-7　电感器串联电路图

① 各电感器电流相等

$$I = I_1 = I_2 = \cdots = I_n$$

② 等效电感等于各电感之和

$$L = L_1 + L_2 + \cdots + L_n$$

③ 等效电感两端的电压等于各个电感上的电压之和

$$U = U_1 + U_2 + \cdots + U_n$$

【4-13】　**举例说明两个电感器串联的计算**

设：电感器 $L_1 = 6\text{mH}$，$L_2 = 4\text{mH}$。求通入 40mA 的电流时产生的磁通。

解：电感量为

$$L = L_1 + L_2 = 6 + 4 = 10 \ (\text{mH})$$

磁通为

$$\Phi = LI = 10 \times 10^{-3} \times 40 \times 10^{-3} = 4 \times 10^{-4} \ (\text{Wb})$$

【4-14】　**电感器并联电路有哪些特性**

解：电感器并联电路如图 4-8 所示。

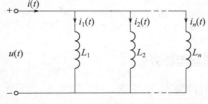

图 4-8　电感器并联电路图

电感器并联电路的性质如下。

① 等效电感的倒数等于各电感倒数之和

$$\frac{1}{L} = \frac{1}{L_1} + \frac{1}{L_2} + \cdots + \frac{1}{L_n}$$

② 两电感器并联时的等效电感为

$$L = \frac{L_1 L_2}{L_1 + L_2}$$

③ 各电感两端的电压相等

$$U_1 = U_2 = \cdots = U_n$$

④ 等效电感流过的电流等于流过各个电感中的电流之和

$$I = I_1 + I_2 + \cdots + I_n$$

【4-15】 举例计算两个电感器并联电流

设：电感器并联电路图如图 4-9 所示，求要产生 3×10^{-3} Wb 的磁通所需的电流。

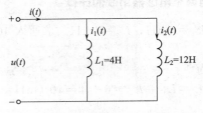

图 4-9 两电感器并联电路图

解：电感量为

$$L = \frac{L_1 L_2}{L_1 + L_2} = \frac{4 \times 12}{16} = 3 \text{（H）}$$

通入电流为

$$I = \frac{\Phi}{L} = \frac{3 \times 10^{-3}}{3} = 1 \text{（mA）}$$

【4-16】 直流电路常用计算公式

直流电路常用计算公式见表 4-1。

表 4-1　直流电路常用计算公式

名称	计算公式	电路图形	备注
导体电阻	$R = \rho \dfrac{L}{A}$ 式中 L——导体长度，m A——导体截面积，m^2 ρ——导体电阻率，$\Omega \cdot m$ R——导体电阻，Ω		导体能导电，又对电流有阻力，这种阻力称为电阻，用 R 或 r 表示
表征物体电导	$G = \dfrac{1}{R}$ 式中 R——电阻，Ω G——电导，S		表征物体传导电流的能力称为电导，用 G 表示，电导是电阻的倒数
电压	$U = \dfrac{W}{Q}$ 式中 Q——电量，C W——电功，J U——电压，V		在电路中，单位正电荷在电场力作用下，从一点移到另一点电场力所做的功称为两点间的电压。用 U 表示。电压的正方向是从高电位到低电位
电流	$I = \dfrac{Q}{t}$ 式中 I——电流，A Q——电量，C t——时间，s		导体内的自由电子或离子在电场力的作用下有规律地流动，形成电流。规定正电荷移动的方向为电流的正方向。电流用 I 表示
电功率	$P = \dfrac{W}{t} = IU = I^2 R = \dfrac{U^2}{R}$ 式中 W——电能，J t——时间，s P——电功率，W I——电路中电流，A R——电路中电阻，Ω U——电路两端电压，V		电器设备在单位时间内所消耗的电能称为电功率，用 P 表示

名称	计算公式	电路图形	备注
电阻与温度的关系	$R_2 = R_1[1 + \alpha_1(t_2 - t_1)]$ 式中 R_1——温度为 t_1 时导体电阻，Ω R_2——温度为 t_2 时导体电阻，Ω α_1——以温度 t_1 为基准时导体电阻温度系数 t_1，t_2——导体温度，℃		金属的电阻是随温度上升而增大的，故电阻温度系数是正值。而有些半导体材料、电解液，当温度升高时，其电阻减小，它们的电阻温度系数是负值
部分电路欧姆定律	$I = \dfrac{U}{R}$ 式中 U——电压，V R——电阻，Ω I——电流，A		电路中不含电动势只有电阻，流过电阻的电流大小与加在电阻两端的电压成正比，而与电路中的电阻成反比
全电路的欧姆定律	$I = \dfrac{E}{R + r_0}$ 式中 I——电路中电流，A r_0——电源内阻，Ω R——负载电阻，Ω E——电源电动势，V		只有一个电源无分支的闭合电路中，电流与电源电动势成正比，与电路的总电阻成反比
电阻混联	$R = R_1 + \dfrac{R_2 R_3}{R_2 + R_3}$ 式中 R——总电阻，Ω R_1，R_2，R_3——分电阻，Ω		
电阻并联	$\dfrac{1}{R} = \dfrac{1}{R_1} + \dfrac{1}{R_2} + \dfrac{1}{R_3}$ 式中 R——总电阻，Ω R_1，R_2，R_3——分电阻，Ω		
电阻串联	$R = R_1 + R_2 + R_3$ 式中 R——总电阻，Ω R_1，R_2，R_3——分电阻，Ω		

续表

名称	计算公式	电路图形	备注
电源串联	$E = E_1 + E_2 + E_3$ 式中　E——总电源电动势，V E_1, E_2, E_3——分电源电动势，V	E_1　　E_2　　E_3 $E=E_1+E_2+E_3$	
电源并联	$E = E_1 = E_2 = E_3$ 式中　E——总电源电动势，V E_1, E_2, E_3——分电源电动势，V	E_1 E_2 E_3	
电容器	$C = \dfrac{Q}{U}$ 式中 Q——电容器带电量，C U——电容器端电压，V C——电容器电容量，F		表征电容器在单位电压作用下，储存电场能量（电荷）能力的一个物理量，其大小只取决于电容器自身结构。从数值上等于电容器所带电荷量与其两极之间电位差（电压）的比值。电容用 C 表示
电容器串联	$\dfrac{1}{C} = \dfrac{1}{C_1} + \dfrac{1}{C_2} + \dfrac{1}{C_3}$ 式中　C——总电容，F C_1, C_2, C_3——分电容，F	C_1　　C_2　　C_3	
电容器并联	$C = C_1 + C_2 + C_3$ 式中　C——总电容，F C_1, C_2, C_3——分电容，F	C_1 C_2 C_3	
基尔霍夫第一定律（节点电流定律）	$\sum I_入 = \sum I_出$ 或 $\sum I = 0$ 式中　$\sum I_入$——流入节点电流之和 　　　$\sum I_出$——流出节点电流之和 　　　$\sum I$——电流代数和	例： I_1　I_2 I_5 I_4　I_3 $I_1+I_3+I_5=I_2$ 或 $I_1-I_2+I_4+I_5=0$	

续表

名称	计算公式	电路图形	备注
基尔霍夫第二定律（回路电压定律）	$\sum IR = \sum E$ 式中 $\sum IR$ ——电阻上电压降的代数和，电流的参考方向与回路绕行方向一致时，该电阻上的电压降取正值，反之取负值 $\sum E$ ——电动势代数和，电动势的参考方向与回路绕行方向一致时，该电动势取正值，反之取负值	例： $I_1R_1+I_2R_2-I_3R_3$ $=E_1+E_2-E_3$	电路中任何一个闭合回路，回路中的各电阻上电压降的代数和等于各电动势的代数和
电阻星形连接与三角形连接的互换关系	电阻星形连接等效变换为三角形连接 $R_{12} = R_1 + R_2 + \dfrac{R_1R_2}{R_3}$ $R_{23} = R_2 + R_3 + \dfrac{R_2R_3}{R_1}$ $R_{31} = R_3 + R_1 + \dfrac{R_3R_1}{R_2}$ 电阻三角形连接等效变换为星形连接 $R_1 = \dfrac{R_{12}R_{31}}{R_{12} + R_{23} + R_{31}}$ $R_2 = \dfrac{R_{23}R_{12}}{R_{12} + R_{23} + R_{31}}$ $R_3 = \dfrac{R_{31}R_{23}}{R_{12} + R_{23} + R_{31}}$ 式中 R_1, R_2, R_3 ——星形连接的电阻 R_{12}, R_{23}, R_{31} ——三角形连接的电阻	星形连接图 三角形连接图 	

第 5 章
常用交流电路的相关计算解读

Chapter 05

【5-1】 **周期、频率究竟是什么**

解: 人们日常使用的是发电厂发出并经电力网供给用户的交流电，其大小和方向是随时间按正弦规律做周期性变化的，称为正弦交流电，正弦交流电的波形如图 5-1 所示。正弦电动势、正弦电压、正弦电流称为正弦量，它们都是时间的函数，即

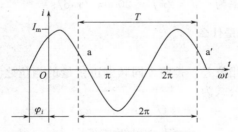

图 5-1 正弦交流电的波形图

$$e = E_m \sin(\omega t + \varphi_e)$$
$$u = U_m \sin(\omega t + \varphi_u)$$
$$i = I_m \sin(\omega t + \varphi_i)$$

式中 e, u, i ——电动势、电压、电流的瞬时值；

E_m, U_m, I_m——电动势、电压、电流的最大值；

ω——角频率；

$\varphi_e, \varphi_u, \varphi_i$——电动势、电压、电流的初相位。

最大值、角频率、初相位称为正弦量的三要素。

（1）周期、频率　正弦交流电重复变化一次所需要的时间称为周期，用字母 T 表示，其单位为 s。每秒内变化的周期数称为频率，用字母 f 表示，其单位为赫兹，用字母（Hz）表示。从定义上得知周期与频率互为倒数

$$T = \frac{1}{f}$$

我们国家电力系统的标准频率 $f = 50\,\text{Hz}$，其周期 $T = 1/f = 0.02\,\text{s}$。

（2）角频率　正弦交流电在每秒钟内变化的电角度称为角频率，用字母 ω 表示，其单位为弧度/秒（rad/s）。交流电变化一个周期的电角度相当于 $2\pi\,\text{rad}$，则有

$$\omega = 2\pi/T = 2\pi f$$

已知周期为 1ms，则电流频率为

$$f = \frac{1}{T} = \frac{1}{1 \times 10^{-3}} = 1000 \ (\text{Hz})$$

电流角频率为　$\omega = 2\pi f = 2000\pi \ (\text{rad/s})$

【5-2】 相位差是什么

解： 相位差，是两个同频率正弦量的相位之差，用字母 φ 表示。其计算公式为

$$\left.\begin{array}{l} u = U_m \sin(\omega t + \varphi_u) \\ i = I_m \sin(\omega t + \varphi_i) \end{array}\right\}$$

u 与 i 之间的相位差为

$$\varphi = (\omega t + \varphi_u) - (\omega t + \varphi_i) = \varphi_u - \varphi_i$$

【5-3】 如何判断两个同频率正弦量之间随时间变化的前后位置

解： 相位差就是两者的初相之差，相位差常取 $-\pi \leqslant \varphi \leqslant$

+π 范围内的某一角度。相位差是反映两个同频率正弦量相互关系的物理量，它表示了两个同频率正弦量之间随时间变化的前后位置关系。当 $\varphi = \varphi_u - \varphi_i = 0°$ 时，称 u 与 i 同相；$\varphi = \varphi_u - \varphi_i > 0°$ 时，称 u 超前于 i，或称 i 滞后于 u；当 $\varphi = 180°$ 时，称 u 与 i 反（倒）相；当 $\varphi = 90°$ 时，则称 u 与 i 相位正交。两个同频率正弦量的相位关系如图 5-2 所示。

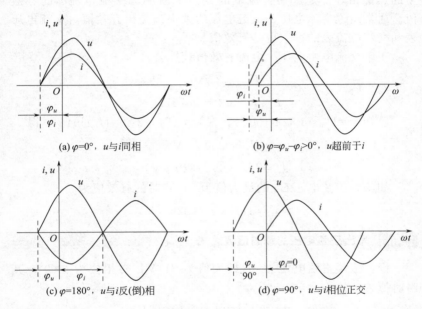

(a) $\varphi=0°$，u 与 i 同相

(b) $\varphi=\varphi_u-\varphi_i>0°$，$u$ 超前于 i

(c) $\varphi=180°$，u 与 i 反(倒)相

(d) $\varphi=90°$，u 与 i 相位正交

图 5-2　两个同频率正弦量的相位关系

【5-4】 **根据电流 i_1 与 i_2 的相位差，判断哪个超前**

设：已知 $i_1 = 10\sin(3t+60°)$，$i_2 = 10\cos(3t+15°)$。

解：相位差就是两者的初相之差。相位差，$\varphi = \varphi_1 - \varphi_2 = 60° - 15° = 45°$

$\varphi > 0°$，因此电流 i_1 超前于 i_2 45°。

【5-5】 **如何计算交流电压的有效值**

设：已知某正弦电压在 $t=0$ 时是 220V，初相角为 45°，求有效值。

解：有效值是从电流热效应的角度规定的。若是交流电流 i 和直流电流 I 分别通过阻值相同的电阻 R，在一个周期 T 的时间内产生的热量相等，则这一直流电的数值 I 就称为交流电流 i 的有效值。通常所说交流电压、交流电流的大小都是指有效值。交流电压表和交流电流表的读数也是有效值。

正弦交流电中电压、电流有效值计算公式为

$$U = U_m / \sqrt{2} = 0.707 U_m$$

$$I = I_m / \sqrt{2} = 0.707 I_m$$

已知 $u = U_m \sin (\omega t + 45°)$，在 $t=0$ 时，$220 = U_m \sin 45°$，得

$$U_m = 220\sqrt{2} \text{ V}$$

$$U = U_m / \sqrt{2} = 220 \text{ （V）}$$

如工频正弦电压 U_{ab} 的最大值为 311V 时的有效值为

$$U_{ab} = 311 / \sqrt{2} = 220 \text{ （V）}$$

【5-6】 **写出正弦电压的瞬时值表达式**

设：工频正弦电压 u_{ab} 的最大值为 311V，初相位为 −60°，其瞬时值表达式为

$$u_{ab} = 311 \sin(314t - 60°)$$

当 $t=0.0025$s 时，求 u_{ab} 值。

解：$\omega = 2\pi f$，$f = 50$Hz，则

$$u_{ab} = 311 \sin(100\pi \times 0.0025 - 60°) = -77.3 \text{ （V）}$$

【5-7】 **如何计算正弦电压的最大值和有效值，角频率、频率和周期，初相位**

已知正弦电压 $u = 220\sqrt{2} \sin (314t + 30°)$，则

电压最大值为 $U_m = 220\sqrt{2} \approx 311$ （V）

电压有效值为 $U = U_m / \sqrt{2} = 220$（V）

角频率为 $\omega = 314 \text{rad/s}$

频率为 $f = \omega / 2\pi = 314/2\pi = 50$（Hz）

周期为 $T = 1/f = 1/50 = 0.02$（s）

初相角 $\varphi = 30°$。

【5-8】 如何计算正弦电流的相位差

设：求正弦电压 $u = 220\sqrt{2} \sin (314t + 30°)$ 与正弦电流 $i = 10\sqrt{2} \sin (314t - 30°)$ 的相位差。

解：正弦电压与正弦电流相位差为

$$\varphi = \varphi_u - \varphi_i = 30° - (-30°) = 60° > 0°$$

则电压超前于电流 $60°$。其波形如图 5-3 所示。

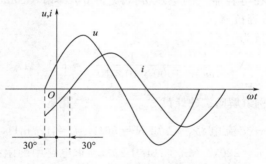

图 5-3　电压超前于电流波形图

【5-9】 什么是感抗

解： 感抗 X_L 是用来表示电感元件对电流阻碍作用的一个物理量。感抗 X_L 与频率成正比，与本身的电感 L 成正比。单位为欧姆（Ω）。其计算式为

$$X_L = \omega L = 2\pi f L$$

在直流电路中，由于 $\omega = 0$，则感抗 $X_L = 0$，电感在直流电路中视为短路。

【5-10】 举例讲解感抗的计算

设：有一电感 $L=10\text{mH}$，接入 50Hz 的交流电时，求感抗；如果接入 1000Hz 的交流电，求感抗。

解：接入 50Hz 的交流电时，感抗为

$$X_L = 2\pi fL = 2 \times 3.14 \times 50 \times 10 \times 10^{-3} = 3.14 \ (\Omega)$$

接入 1000Hz 的交流电时，感抗为

$$X_L = 2\pi fL = 2 \times 3.14 \times 1000 \times 10 \times 10^{-3} = 62.8 \ (\Omega)$$

由上例可以看出，同一电感元件，频率越高，感抗越大，对电流的阻碍作用就越强。

【5-11】 举例讲解容抗的计算

设：加在电容器上的电压 $u \ (t) = 6\sqrt{2} \ \sin \ (1000t - 60°)$，$C$ 为 $10\mu\text{F}$。求容抗 X_C。

解：容抗为

$$X_C = \frac{1}{\omega C} = \frac{1}{1000 \times 10 \times 10^{-6}} = 100 \ (\Omega)$$

【5-12】 举例讲解阻抗的计算

设：有一交流电路，已知 $R=30\Omega$，$L=127\text{mH}$，$C=40\mu\text{F}$，电路总电压 $u=220\sqrt{2} \ \sin \ (314t+20°)$。求电路中的阻抗。

解：当交流电流流过具有电阻、电容、电感的电路时，电阻、电容、电感三者具有阻碍电流流过的作用，这种阻碍作用称为阻抗，用字母 Z 表示。阻抗是电压的有效值和电流的有效值的比值。其计算公式为

$$Z = \sqrt{R^2 + (X_L - X_C)^2} = \frac{U}{I}$$

已知，$\omega=314$，则感抗为

$$X_L = \omega L = 314 \times 127 \times 10^{-3} = 40 \ (\Omega)$$

容抗为

$$X_C = \frac{1}{\omega C} = \frac{1}{314 \times 40 \times 10^{-6}} = 80 \ (\Omega)$$

阻抗为
$$Z = \sqrt{R^2 + (X_L - X_C)^2} = \sqrt{30^2 + (40-80)^2} = 50 \ (\Omega)$$

【5-13】 要计算 *RLC* 串联电路中的感抗、容抗、电抗、阻抗怎么办

设：*RLC* 串联电路如图 5-4 所示。$R = 30\Omega$，$L = 127\text{mH}$，$C = 40\mu\text{F}$，其电路的总电压 $u = 220\sqrt{2}\ \sin\ (314t + 20°)$。

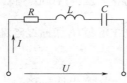

图 5-4　*RLC* 串联电路

解：感抗 X_L 为
$$X_L = \omega L = 314 \times 127 \times 10^{-3} = 40 \ (\Omega)$$
容抗 X_C 为
$$X_C = \frac{1}{\omega C} = 1/ \ (314 \times 40 \times 10^{-6}) \ = 80 \ (\Omega)$$
阻抗 Z 为
$$Z = \sqrt{R^2 + (X_L - X_C)^2}$$
$$= \sqrt{30^2 + \ (40-80)^2} = 50 \ (\Omega)$$
电抗 X 为
$$X = X_L - X_C = 40 - 80 = -40 \ (\Omega) < 0$$
则电路呈电容性。

【5-14】 举例讲解有效值电流 *I* 和 *i* 的计算

设：有一电阻元件 $R = 10\Omega$，两端电压 $u = 220\sqrt{2}\ \sin\ (314t + 30°)$，求 I、i。

电压的有效值为
$$U = 220\text{V}$$
电流的有效值

$$I = U/R = 220/10 = 22 \text{ (A)}$$

所以 $i = 220\sqrt{2}\,\sin(314t + 30°)$ (A)

【5-15】 **已知电压和功率如何求电阻**

设：有一额定电压为 220V，功率为 1000W，求电阻 R。

解：电阻为

$$R = U_R^2/P = 220^2/1000 = 48.4 \text{ (Ω)}$$

【5-16】 **已知电感 L、正弦电源 U_L 和通过电流 I，如何求感抗 X_L 和频率 f**

设：已知 $L = 40\text{mH}$ 电感元件，接入 $U_L = 110\text{V}$ 的正弦电源上，通过电流 1mA。求感抗和频率。

解：感抗为

$$X_L = U_L/I_L = \frac{110}{1 \times 10^{-3}} = 110 \text{ (kΩ)}$$

电源频率为

$$f = \frac{X_L}{2\pi L} = \frac{110 \times 10^3}{2 \times 3.14 \times 40 \times 10^{-3}} = 4.38 \times 10^5 \text{ (Hz)}$$

在直流电路中，$X_L = 0$ 时，$I_L = U_L/X_L$，则电流很大，可能烧坏电感元件。

【5-17】 **举例讲解对称三相交流电路中各个功率的计算**

设：对称三相交流电路，电源电压为 380V，每相负载中 $R = 16\,Ω$，$X_L = 12\,Ω$，△形连接，求：有功功率 P、无功功率 Q、视在功率 S。

解：

阻抗为 $Z = \sqrt{R^2 + X_L^2} = \sqrt{16^2 + 12^2} = 20 \text{ (Ω)}$

相电流为 $I_\Phi = U_\Phi/Z = 380/20 = 19 \text{ (A)}$

线电流为 $I_1 = \sqrt{3}\,I_\Phi = \sqrt{3} \times 19 \approx 33 \text{ (A)}$

$$\cos\varphi = R/Z = 16/20 = 0.8$$

$$\sin\varphi = X_L/Z = 12/20 = 0.6$$

有功功率为

$$P = \sqrt{3} U_1 I_1 \cos\varphi = \sqrt{3} \times 380 \times 33 \times 0.8 = 17.4 \ (\text{kW})$$

无功功率为

$$Q = \sqrt{3} U_1 I_1 \sin\varphi = \sqrt{3} \times 380 \times 33 \times 0.6 = 13.03 \ (\text{kvar})$$

视在功率为

$$S = \sqrt{3} U_1 I_1 = \sqrt{3} \times 380 \times 33 = 21.72 \ (\text{kV} \cdot \text{A})$$

【5-18】 交流电路常用计算公式

解： 交流电路常用计算公式见表 5-1。

表 5-1　交流电路常用计算公式

名称	公式	定义	备注
频率	$f = \dfrac{1}{T} = \dfrac{\omega}{2\pi}$	单位时间（s）内交流电变化所完成的循环（周期）称为频率，用 f 表示	式中 T——周期，s f——频率，Hz ω——角频率，rad/s
周期	$T = \dfrac{1}{f} = \dfrac{2\pi}{\omega}$	交流电完成一次周期性变化所需的时间称为周期，用 T 表示	
角频率	$\omega = 2\pi f = \dfrac{2\pi}{T}$	角频率相当于一种角速度，表示交流电每秒变化的弧度数，角频率用 ω 表示	
阻抗	$Z = \sqrt{R^2 + (X_{\text{L}} - X_{\text{C}})^2}$ $= \dfrac{U}{I}$	交流电通过具有电阻、电感、电容电路时，有阻碍电流流过的作用，称为阻抗，用 Z 表示，阻抗是电压和电流有效值的比值	式中 U——阻抗两端电压，V I——电路中电流，A Z——电路中阻抗，Ω R——电阻，Ω X_{L}——感抗，Ω X_{C}——容抗，Ω ω——角频率，rad/s f——频率，Hz L——电感，H C——电容，F
感抗	$X_{\text{L}} = \omega L = 2\pi f L$	交流电通过有电感线圈的电路时，电感有阻碍交流电通过的作用，称为感抗，用 X_{L} 表示	
容抗	$X_{\text{C}} = \dfrac{1}{\omega C} = \dfrac{1}{2\pi f C}$	交流电通过具有电容的电路时，电容有阻碍交流通过作用，称为容抗，用 X_{C} 表示	

续表

名称	公式	定义	备注
电阻、电感串联的阻抗	$Z = \sqrt{R^2 + X_L^2}$		
电阻、电容串联的阻抗	$Z = \sqrt{R^2 + X_C^2}$		
电阻、电感、电容串联的阻抗	$Z = \sqrt{R^2 + (X_L - X_C)^2}$ $= \sqrt{R^2 + X^2}$		式中 Z——阻抗，Ω R——电阻，Ω X_L——感抗，Ω X_C——容抗，Ω X——电抗，Ω $X = X_L - X_C$ 当 $X_L > X_C$ 时，电路呈电感性 当 $X_L < X_C$ 时，电路呈电容性
电阻、电感并联的阻抗	$\dfrac{1}{Z} = \sqrt{\left(\dfrac{1}{R}\right)^2 + \left(\dfrac{1}{X_L}\right)^2}$		
电阻、电容并联的阻抗	$\dfrac{1}{Z} = \sqrt{\left(\dfrac{1}{R}\right)^2 + \left(\dfrac{1}{X_C}\right)^2}$		
电阻、电感、电容并联的阻抗	$\dfrac{1}{Z} =$ $\sqrt{\left(\dfrac{1}{R}\right)^2 + \left(\dfrac{1}{X_L - X_C}\right)^2}$		

续表

名称	定义	公式	图形	备注
相电压	三相交流电路中，三相输电线（相线）与中性线之间的电压称为相电压，用 U_Φ 表示	$U_1 = \sqrt{3}\,U_\Phi$ $I_1 = I_\Phi$	三相交流电路负载 Y 形连接 	
相电流	三相电路中，每相负载中流过的电流称为相电流，用 I_Φ 表示			
线电压	三相交流电路中，三相输电线（相线）各相之间的电压称为线电压，用 U_1 表示	$U_1 = U_\Phi$ $I_1 = \sqrt{3}\,I_\Phi$	三相电流电路负载 △ 形连接 	式中 U_1——线电压，V U_Φ——相电压，V I_1——线电流，A I_Φ——相电流，A
线电流	三相交流电路中，三相输电线（相线）各线中流过的电流称为线电流，用 I_1 表示			

续表

名称	定义	公式	图形	备注
视在功率	具有电阻和电抗的交流电路中，电压有效值与电流有效值的乘积称为视在功率，用 S 表示，单位为 V·A	单相： $S = UI$ 对称三相： $S = 3U_\Phi I_\Phi$ $= \sqrt{3} U_1 I_1$		
有功功率	电路中交流电瞬时功率在一个周期内的平均值称为有功功率，用 P 表示	单相： $P = UI\cos\varphi$ 三相： $P = 3U_\Phi I_\Phi \cos\varphi$ $= \sqrt{3} U_1 I_1 \cos\varphi$		式中 U——电压有效值，V I——电流有效值，A U_1——线电压，V I_1——线电流，A U_Φ——相电压，V I_Φ——相电流，A φ——相电压与相电流的相位差 $\cos\varphi$——功率因数 S——视在功率，V·A P——有功功率，W Q——无功功率，var
无功功率	电路中，电感（或电容）半周期时间内，把电源的能量变成磁场（或电场）的能量储存起来，在另半个周期时间内，又把储存的磁场（或电场）能量送回给电源，只是与电源进行能量交换，并没有真正消耗能量，此功率称为无功功率，用 Q 表示，单位为 var。无功功率在数值上等于电压、电流有效值与电压、电流的相位差 φ 正弦的乘积	单相： $Q = UI\sin\varphi$ 三相： $Q = 3U_\Phi I_\Phi \sin\varphi$ $= \sqrt{3} U_1 I_1 \sin\varphi$		

续表

名称	定义	公式	图形	备注
功率因素	电路中电压、电流有效值的乘积为视在功率，而真正做功的只是一部分功率，即有功功率，有功功率与视在功率之比称为功率因数，用 $\cos\varphi$ 表示。功率因数只与电路参数（电阻、感抗、容抗）和频率有关，与电压、电流的大小无关	$\cos\varphi = \dfrac{P}{S}$		

第6章
详解电工常用估算

Chapter 06

一、按功率估算电流

【6-1】 **三相380V电阻加热器额定电流的估算**

解： 电阻加热器是三相380V，功率因数 $\cos\varphi$ 为1，额定功率为1kW，进行下列估算。

① 通过下面公式计算得知，每1kW约为1.5A电流。

$$I = \frac{P}{\sqrt{3}U\cos\varphi} = \frac{1000}{\sqrt{3} \times 380 \times 1} = 1.5 \, (\text{A})$$

② 采用估算式估算电流："kW数加1半"，即1个"kW"数加"0.5"等于1.5个电流。

③ 口算：电阻加热器功率为10kW、20kW、30kW，求电热器额定电流是多少？

已知电阻加热器每1kW约为1.5A，则10kW约为15A；20kW约为30A；30kW约为45A。

【6-2】 **三相平衡10kW照明干线的估算**

解： 对于三相平衡照明干线的电流估算，可以按每1kW

约为 1.5A 估算或口算。

① 估算：$I=10\times1.5=15$（A）

② 口算：已知 1kW 约为 1.5A，则 10kW 约为 15A。

【6-3】 **2000W 投光灯电流估算**

解： 投光灯功率为 2000W（2kW），单相 220V，功率因数为 1，根据公式计算电流得知功率每 1 kW 约为 4.5A，即

$$I=\frac{P}{U}=\frac{1000}{220}=4.545\text{（A）}\approx4.5\text{A}$$

① 估算：单相 220V 照明电流，1kW 可按 4.5 倍算，则电流 $I=2\times4.5=9$（A）。

② 口算：已知 1kW 约为 4.5A，则 2kW 约为 9A。

【6-4】 **估算 300V·A（0.3kV·A）， 220V 行灯变压器的电流**

解： 单相 220V，容量为 300V·A 的行灯变压器估算电流，可按单相照明功率每 1kW 为 4.5A 进行估算。

① 估算： $I=0.3\times4.5=1.35$（A）

估算要点：将 V·A 化为 kV·A，如上述将 300V·A 化为（0.3kV·A）再乘倍数 4.5。

② 口算：1kV·A 为 4.5A，10kV·A 等于 45A 等。

【6-5】 **两相 380V、 20 kW 的电阻炉电流估算**

解： 电阻炉的功率因数多为 1，用公式计算得知电阻炉每 1kW 约为 2.5A，即

$$I=\frac{P}{U}=\frac{1000}{380}=2.6\approx2.5\text{（A）}$$

① 估算：$I=20\times2.5=50$（A）

② 口算：已知 1 kW 约为 2.5A，则 10 kW 约为 25A，20kW 约为 50A 等。

【6-6】 三相交流 380V， 40 kV · A 整流器电流估算

 解： 计算三相交流 380V，40kV · A 的整流器电流，可按电阻加热器功率每 1kV · A 约为 1.5A 估算。

① 估算：$I = 40 \times 1.5 = 60$ （A）

② 口算：已知 1 kV · A 约为 1.5A，则 10kV · A 约为 15A；20kV · A 约为 30A 等。

二、按导体载流量估算电流

【6-7】 铝导线载流量估算

解：

（1）10mm² 以下，每 1mm² 按 5A 电流估算。

① $I = 2.5 \times 5 = 12.5$ （A）（铝线截面最小为 2.5 mm²）

② $I = 4 \times 5 = 20$ （A）

③ $I = 6 \times 5 = 30$ （A）

④ $I = 10 \times 5 = 50$ （A）

（2）16mm²、25mm² 每 1mm² 按 4A 电流估算。

① $I = 16 \times 4 = 64$ （A）

② $I = 25 \times 4 = 100$ （A）

（3）35mm²、50mm² 每 1mm² 按 3A 电流估算。

① $I = 35 \times 3 = 105$ （A）

② $I = 50 \times 3 = 150$ （A）

（4）70mm²、95mm² 每 1mm² 按 2.5A 电流估算。

① $I = 70 \times 2.5 = 175$ （A）

② $I = 95 \times 2.5 = 237.5$ （A）

（5）100mm² 以上每 1mm² 按 2A 电流估算。

① $I = 100 \times 2 = 200$ （A）

② $I = 150 \times 2 = 300$ （A）

③ $I = 185 \times 2 = 370$ （A）

【6-8】　绝缘铝导线穿管对载流量的估算

解： 绝缘铝导线穿管对载流量是有影响的，可按导线总载流量的 80% 估算导线的电流。

如：绝缘铝导线穿管敷设，环境温度 25℃，求载流量。$10mm^2$ 以下每 $1mm^2$ 按 5A 估算，则

$$I = 10 \times 5 \times 0.8 = 40 \text{（A）}$$

各种导线载流量口诀如下。

10 下 5，100 上 2。

25、35，4、3 界。

70、95，两倍半。

穿管温度 8、9 折。

裸线加一半。

铜线升级算。

导线截面（单位均为 mm^2）：1、1.5、2.5、4、6、10、16、25、35、50、70、95、120、150、185 等，绝缘铜导线从 $1mm^2$ 开始，绝缘铝导线从 $2.5mm^2$ 开始，裸铝线从 $16mm^2$ 开始，裸铜线从 $10mm^2$ 开始。

口诀说明如下。

① 是以绝缘铝导线，明敷，环境温度 25℃ 的条件为准。若条件不同，口诀另有说明。绝缘铝导线的载流量如表 6-1 所示。

表 6-1　绝缘铝导线的载流量

绝缘铝导线截面/mm^2	绝缘铝导线（每 $1mm^2$）载流量/A	"铜线升级算"	
		原用铜线截面/mm^2	改用铝线截面/mm^2
10 以下	5	1.5	2.5
16、25	4	2.5	4
35、50	3	4	6
70、95	2.5	6	10
100	2	10	16
		16	25
		25	35

续表

绝缘铝导线截面 /mm²	绝缘铝导线 （每 1mm²） 载流量/A	"铜线升级算"	
		原用铜线截面/mm²	改用铝线截面/mm²
		35	50
		50	70
		70	95
		95	120
		120	150
		150	185

②"穿管温度 8、9 折"是对敷设条件和环境温度变化的处理，是指穿管敷设（包括槽板等敷设，即导线加有保护套层，不明露的），按表 6-1 计算后再打 8 折（乘以 0.8）。若环境温度超过 25℃，按前面的计算后再打 9 折（乘以 0.9）。

在另一种情况下，穿管，环境温度较高时，则按表 6-1 计算后，可简单地一次打 0.72 折，因为 0.8×0.9＝0.72。

③"裸线加一半"，即裸线按表 6-1 计算后再加一半（乘以 1.5）。

【6-9】 绝缘铝导线穿管， 在环境温度 40℃中如何估算导线电流

解： 绝缘铝导线穿管在高温中运行，必须按导线总载流量的 70% 估算导线的电流，即乘以 0.7。

例如，绝缘铝导线 10mm² 穿管，环境温度为 40℃时的载流量为
$$I＝10×5×0.7＝35（A）$$

【6-10】 裸铝导线明敷电流估算

解： 裸铝导线明敷，可按裸铝导线总载流量 1.35 倍估算电流。

例如，裸铝导线 16mm²、25mm² 明敷，每 1mm² 按 4A 估算，环境温度 40℃时的载流量为
$$I＝16×4×1.35＝86.4（A）≈86A$$
$$I＝25×4×1.35＝135（A）$$

【6-11】 铜线、铝线互换时的电流估算

 解:

① 将铜线换成铝线时，铜线升一级估算，如铜 $6mm^2$ 升为铝 $10mm^2$。明敷、其环境温度按 25℃估算载流量为（$10mm^2$ 以下，每 $1mm^2$ 按 5A 估算）

$$I=10×5＝50 （A）$$

② 将铝线换成铜线时，铝线降一级估算，如铝 $10mm^2$ 降为铜 $6mm^2$。

【6-12】 电动机穿管电力线的截面对应配线管径表

解: 电动机配线管是穿绝缘导线，一般规定管内全部导线截面（包括绝缘层），不超过管内空间截面的 40%。常用的钢管的规格有：15mm、20mm、25mm、32mm、40mm、50mm、70mm、80mm、100mm 等。

① 导线穿焊接钢管（SC）或水煤气钢管（RC）最小管径如表 6-2 所示。

表 6-2 导线穿焊接钢管（SC）或水煤气钢管（RC）最小管径

mm

导线型号	管径	单芯导线穿管	导线截面/mm²											
			1.0	1.5	2.5	4	6	10	16	25	35	50	70	95	120
BV BV-105 ZR-BV	15	根数	4	3	3	2									
	20	根数	7	6	5	4	3								
	25	根数	8	7	6	5	4	3	2						
	32	根数				6	5	4	3	2					
	40	根数						6	5	3	3	2			
	50	根数								6	5	3			
	70	根数								6	5	4	3	2	2
	80	根数										6	5	4	3
	100	根数											6	5	4

② 导线穿电线管或聚乙烯硬质管最小管径如表 6-3 所示。

表 6-3　导线穿电线管或聚乙烯硬质管最小管径

mm

导线型号	管径	单芯导线穿管	导线截面/mm²											
			1.0	1.5	2.5	4	6	10	16	25	35	50	70	95	120
BV	16	根数	2	2	2										
	20	根数	4	3	3	2	2								
	25	根数	8	7	6	3	3	2							
BV-105	32	根数		8	7	6	5	3	2						
ZR-BV	40	根数				7	4	3	2	2					
	50	根数					7	6	4	3	2				
	63	根数									3	2			

三、电动机电流计算

【6-13】 估算不同电压等级的电动机额定电流怎么办

✋**解：** 电动机计算电流采用公式比较复杂，可采用估算、口算。三相四线系统中，电动机电流的大小直接与功率、电压、功率因数等有关。当电动机的功率为 1kW、电压为 380V、功率因数 $\cos\varphi$ 为 0.8 时，可用倍数进行估算。

① 低压，三相 380V 电动机，每 1kW 按 2A 估算。

例如，三相 380V 电动机，7.5kW，估算额定电流为

$$I = 7.5 \times 2 = 15 \text{ (A)}$$

② 低压，三相 660V 电动机，每 1kW 按 1.2A 估算。

例如，三相 660V 电动机，100kW，估算额定电流为

$$I = 100 \times 1.2 = 120 \text{ (A)}$$

③ 高压，三相 3kV 电动机，每 1kW 按 0.25A 估算。

例如，三相 3kV 电动机，400kW，估算额定电流为

$$I = 400 \times 0.25 = 100 \text{ (A)}$$

④ 高压，三相 6kV 电动机，1kW 按 0.125A 估算。

例如，三相 6kV 电动机，400kW，估算额定电流为

$$I=400\times0.125=50（A）$$

又如，三相 6kV 电动机，220kW，估算额定电流为

$$I=220\times0.125=27.5（A）$$

⑤ 高压，三相 10kV 电动机，1kW 按 0.077A 估算。

例如，三相 10kV 电动机，400kW，估算额定电流为

$$I=400\times0.077=30.8（A）\approx31A$$

【6-14】 10kW 以下电动机选择开关、熔丝、交流接触器的选用估算

 解：

例如，有三相 380V，3kW 笼型电动机，全压启动，试选择开关、熔丝、交流接触器的额定电流。

开关按每 1kW 的 6 倍估算，则

$$I=3\times6=18（A）$$

可选接近的规格刀开关，如 30A 的刀开关。

熔丝按每 1kW 的 5 倍估算，则

$$I=3\times5=15（A）$$

可选 15A 的熔丝。

交流接触器按每 1kW 的 4 倍估算，则

$$I=3\times4=12（A）$$

一般选大不选小，可选 CJ-20 三相 16A 的交流接触器。

国产交流接触器有 CJ_{10}、CJ_{12}、CJ_{20} 等系列产品：CJ_{10} 主触点的额定电流规格有 10A、20A、40A 等；CJ_{12} 主触点的额定电流规格有 100A、150A、250A 等；CJ_{20} 主触点的额定电流规格有 10A、16A、25A、40A、100A 等。

【6-15】 电动机容量为 10kW，380V，JR_{20} 系列的热继电器的选择估算

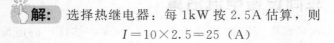 **解：** 选择热继电器：每 1kW 按 2.5A 估算，则

$$I=10\times2.5=25（A）$$

可选择 JR_{20}-25 型热继电器，热元件整定电流范围为 17A～21A～25A。按一般要求，将热元件整定在 21A，在运行中根据电动机发热情况改变整定值。

四、变压器估算电流

【6-16】 S_9-1000／10 型电力变压器，估算高、低压侧额定电流

解： 该变压器高压侧电压 10kV，低压侧电压 0.4kV。

① 高压侧额定电流，每 1kV·A 按 0.06A 估算，则
$$I = 1000 \times 0.06 = 60 \text{（A）}$$

② 低压侧额定电流，每 1kV·A 按 1.5A 估算，则
$$I = 1000 \times 1.5 = 1500 \text{（A）}$$

【6-17】 变压器容量为 325kV·A，高、低压侧电压 10 kV／0.4kV，熔丝选择的估算

① 高压侧熔丝，每 1kV·A 按 0.1A 估算电流，则
$$I = 315 \times 0.1 = 31.5 \text{（A）}$$

可选择 30A 的高压熔丝。

② 低压侧熔丝，每 1kV·A 按 1.7A 估算电流，则
$$I = 315 \times 1.7 = 535.5 \text{（A）}$$

可选熔丝 500A 的低压熔丝（选接近计算值的熔丝）。

【6-18】 S_9-1000／10 型变压器低压断路器的选择估算

解： 变压器选用低压断路器作为保护，脱扣器的动作电流值，每 1kV·A 按 3A 估算，则
$$I = 1000 \times 3 = 3000 \text{（A）}$$

如果不能避开电动机的最大电流，可将脱扣电流值，每 1kV·A 按 3.5A 估算。

五、车间设备电流估算

生产车间负荷电流的估算适用于三相 380V，估算出的电流是

三相或三相四线供电线路上的电流。

【6-19】 **车间为车床、刨床等冷加工机床，总容量为 241kW，电流估算**

解： 车间都是冷加工负荷，每 1kW 可按 0.5A 估算，即
$$I = 241 \times 0.5 = 120.5 \text{（A）}$$

【6-20】 **车间为锻、冲、压等热加工机床，总负荷为 360kW，电流估算**

解： 车间都是热加工负荷，每 1kW 可按 0.75A 估算，即
$$I = 360 \times 0.75 = 270 \text{（A）}$$

【6-21】 **车间为电阻炉、电镀等整流设备，总负荷为 540kW，电流估算**

解： 车间都是电热设备负荷，每 1kW 可按 1.2A 估算，即
$$I = 540 \times 1.2 = 648 \text{（A）}$$

【6-22】 **厂里空压机和水泵等长期运行的设备，总容量为 400kW 电流估算**

解： 厂里是长期运行的一般负荷，每 1kW 可按 1.5A 估算，即
$$I = 400 \times 1.5 = 600 \text{（A）}$$

【6-23】 **车间 6 台机床，最大 10kW、7.5kW，总负荷 30kW，电流估算**

解： 车间机床台数少，不能按冷加工负荷估算，要将其中两台最大的机床相加的总容量，每 1kW 可按 2A 估算，即
$$I = (10 + 7.5) \times 2 = 35 \text{（A）}$$

【6-24】 **一条干线供给两个冷、热加工车间，电流估算**

解： 例如，一条干线供两个车间用电，机加工车间总负荷电流为 360A，热处理车间总负荷电流为 480A，估算干线的负荷电流。

解: 将两个车间的总电流相加，再乘以 0.8，即

$$I = (360 + 480) \times 0.8 = 672（A）$$

【6-25】 **吊车要配开关或导线估算**

解: 吊车配供电电源开关电流、导线的大小估算如表 6-4 所示。

表 6-4　吊车配供电电源开关电流、导线的大小估算

吊车吨位/t	开关电流/A	穿管导线/mm²	备注
2	30	2.5	
5	60	6	桥车吊导线大一级，10 mm²
15	100	16	
75	200	95	

【6-26】 **电焊机配支路电估算**

解: 电焊机分为电弧焊和电阻焊两大类。如电阻焊进行对焊、点焊、缝焊等，使用时间少，它的配线可小一些。具体说：将电弧焊机容量降到 80%；电阻焊机容量降到 50%，进行支路配电使用。

例如，交流电弧焊机，单相 380V，容量 30kV·A。容量降到 80%，则 30×0.8=24kV·A。

配支路电，因为单相 380V，每 1kV·A 可按 2.5A 估算电流，即

$$I = 24 \times 2.5 = 60（A）$$

第 7 章
电工常用工具
的使用

Chapter 07

【7-1】 电工应配置的常用工具配置

解： 电工常用工具很多种，可根据工作需要进行配备。电工每人应配备工具如图 7-1 所示。

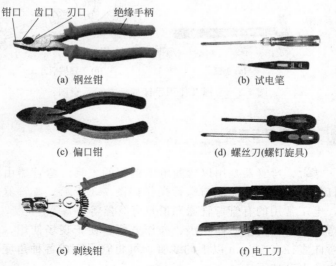

(a) 钢丝钳

(b) 试电笔

(c) 偏口钳

(d) 螺丝刀(螺钉旋具)

(e) 剥线钳

(f) 电工刀

图 7-1

(g) 尖嘴钳　　　　(h) 活扳手　　　　(i) 卷尺

图 7-1　电工个人应配备工具（参考）

【7-2】 **怎么使用手锤**

　　解： 手锤又叫榔头，是电工在安装电气设备时常用工具之一，如图 7-2（a）所示，常用的规格有 0.25kg、0.5kg、0.75kg 等，锤长为 300～350mm。为防止锤头脱头，顶端应打楔子。

　　第一次使用时，要注意使用方法。右手要紧握在木柄的尾部 [图 7-2（b）]，这样才能使出较大的力量。锤击时，用力要均匀，落锤点要准。

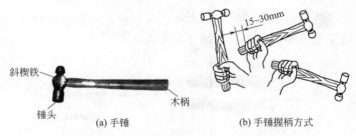

图 7-2　手锤及使用手锤握柄方式示意图

【7-3】 **怎么使用弯管器**

　　解： 弯管器是用以弯曲电工钢管的工具。弯管器由工作部分及杠杆等构成，弯管器与弯管操作如图 7-3 所示。弯管器的种类很多，电工常用的有管弯管器和滑轮弯管器等。

　　弯管器结构简单、体积小、操作方便、便于现场使用，适用于手工弯曲直径在 50mm 以下的线管，可将管子弯成各种角度。弯管时的注意事项如下。

① 弯管时，先将管子要弯曲部分的前缘送入弯管器工作部分，如果是焊管，应将焊缝置于弯曲方向的侧面，否则弯曲时容易造成从焊缝处裂口。

② 操作时，用脚踏住管子，如图 7-3（b）所示，手适当用力来扳动弯管器手柄，使管子稍有弯曲，再逐点移动弯头，每移动一个位置，扳弯一个弧度，最后将管子弯成所需的形状。

铁管柄

(a) 弯管器实物 　　　　(b) 弯管操作示意图

图 7-3　弯管器与弯管操作示意图

【7-4】 **怎么使用压线钳**

解： 压线钳有手力压线钳、杠杆式压线钳、液压式压线钳等，用于不同截面的导线与接线端子的压接。杠杆式压线钳及压模如图 7-4 所示。

杠杆式压线钳　　　压模

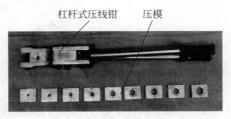

图 7-4　杠杆式压线钳及压模

使用杠杆式压线钳时，首先应选用与需压接导线截面积相同的接线端子，再选用相同截面积的压模，进行压接。压接中用力要均匀，压不动时，要检查压模两边是否闭合，如果压模两边基本闭合就不要再压了，应松开压线钳，取出压模。

【7-5】 **怎么使用管子钳及活扳手**

 解：

（1）管子钳 在电气管路装修或给排水工程中，用管子钳来拧紧或松散电线管上的束节或管螺母。管子钳常用规格有 250mm、300mm 和 350mm 等。

（2）活扳手 用于旋动螺杆的螺母，它的卡口可在规格范围内任意调整大小。电工常用的扳手有 150mm×19mm、200mm×24mm、250mm×30mm、300mm×36mm 等。

管子钳、活扳手如图 7-5 所示。其使用时有以下注意事项。

① 管子钳、活扳手不能当锤用。

② 要根据螺母螺栓的大小选用相应规格的管子钳或活扳手。

③ 管子钳或活扳手的开口调节应以既能夹住螺母又能提取手柄、转换角度为宜。

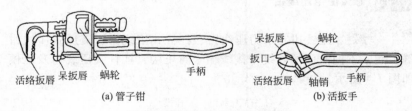

(a) 管子钳　　　　　　　　　　(b) 活扳手

图 7-5　管子钳、活扳手示意图

【7-6】 **怎么使用吸锡电烙铁**

解： 吸锡电烙铁主要用于电工和电子设备装修中拆换元器件。图 7-6 所示为吸锡电烙铁各部分的名称，使用时要认真阅读，理解其构造。

操作时先用吸锡电烙铁头部加热焊点，待焊锡熔化后，按动吸锡装置，即可把锡液从焊点上吸走，以便于焊接工作。

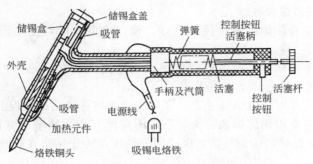

图 7-6 吸锡电烙铁各部分的名称

【7-7】 **使用手电钻使用时机壳内往外冒火花且声音很大怎么办**

解： 停电以后，将电极滑接处积炭清除干净，并检查碳刷接触面是否良好，接触不好时将其接触良好。如果还是不好，要检查电钻的绕组或大修。图 7-7 是手电钻的外形及钻头。

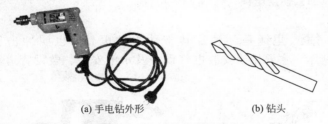

(a) 手电钻外形   (b) 钻头

图 7-7 手电钻的外形及钻头

【7-8】 **怎么使用手电钻**

解： 手电钻有手枪式和手提式两种，电源电压一般为 220V 或 380V。钻头为麻花钻头，一般用于金属打孔。冲击钻头用于在砖和水泥柱上打孔。

初次使用电钻时要注意以下几点。

① 电源线的绝缘要良好，如果电源线绝缘老化、破损等，应更换新三芯橡胶软线。

② 检查保护接地线接地良好，检查手电钻的额定电压与电源电压是否一致，开关是否灵活可靠。

③ 手电钻接入电源后，要用试电笔测试手电钻的外壳是否带电，测试不带电时才能使用。

④ 操作时应戴绝缘手套、穿电工绝缘鞋并站在绝缘板上。

⑤ 用专用钥匙拆装钻头，不许用螺丝刀和手锤敲击电钻夹头。要求装钻头时，钻头与钻夹保持同一轴线，防止钻头在转动时来回摆动。

⑥ 使用中，要求钻头垂直于被钻物体，用力要均匀，当钻头被物体卡住时，要立即停止钻孔，检查钻头是否卡得过松，重新夹紧钻头后再使用。

⑦ 钻头在钻金属孔过程中若温度高，为防止钻头退火，在钻孔时可适量加些润滑油。

⑧ 工作完毕，将电源线绕在手电钻上，存于干燥处。

【7-9】 怎么使用电锤

👆 **解：** 电锤是一种旋转带冲击的电钻，也叫冲击钻，如图 7-8 所示，主要用于安装电气设备及水电安装、敷设管道等打孔作业。

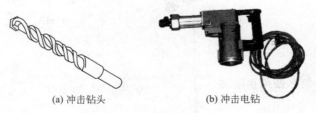

(a) 冲击钻头　　　　　　(b) 冲击电钻

图 7-8　冲击钻及钻头

初次使用电锤时注意事项如下。

① 检查电锤电源线有无损伤，然后再用 500V 的兆欧表对电钻

及电源线进行摇测绝缘电阻，阻值大于 $0.5M\Omega$ 方可通电使用。

② 电锤钻孔前先要空转一下，检查电锤是否有故障等，钻孔时先将钻头顶在工作面上，然后再开动开关。在钻孔中发现电锤不转时，要立即断开手中的开关（松开开关），查出原因处理后，方可再启动电锤。

③ 电锤在墙面上钻孔时，要先了解墙内有无电源线，防止钻破电源线发生触电事故。在混凝土中钻孔时，要避开钢筋，如果钻头正好钻在钢筋上，应立即退出，重新钻孔。

④ 如果钻孔深度有一定要求时，可安装定位杆来控制钻孔的深度。

⑤ 电锤在使用过程中，如果发现声音异常，应立即停止钻孔，检查原因并处理。如因工作时间过长，电锤发热烫手，也要立即停止钻孔，让其自然冷却，切勿用水淋浇。

【7-10】 怎么进行登杆高空架线作业

第一次登高架线作业，首先要有自信同时注意如下事项。

① 安全带的检查：检查是不是电工专用安全带，安全带有无槽朽、老化、腐蚀、断股等现象，卡钩开合是否灵活，有无安全卡环，安全带连接部分的铆钉是否牢固，扣眼有无豁裂。安全带外形如图 7-9 所示。

② 安全带应系在电工五联工具袋下面，松紧程度以不从胯下脱落为合适。

③ 检查脚扣胶皮有无磨光、脱胶、离股、变形，开口是否过大或过小，焊接处是否牢固，脚扣皮带有无槽朽、断裂、老化，根

图 7-9　安全带外形

防滑胶套

图 7-10　登混凝土杆脚扣

据电杆高度选择合适的脚扣。登混凝土杆的脚扣外形如图 7-10 所示。

④ 登杆时身体与电杆保持一定距离（约 10cm），双手把紧电杆，脚下要用力蹬住，每上一步都应保证确实蹬住后再上下一步，上到工作位置后，要先系好安全带。在杆上操作时，两脚扣的定位如图 7-11 所示。图 7-12 为登木杆脚扣。

⑤ 登杆人要无条件接受杆下监护人的监护。

⑥ 登杆人和监护人都要戴好安全帽。

图 7-11　杆上操作脚扣定位

图 7-12　登木杆脚扣

【7-11】 电工登杆到工作位置时，安全带应系到什么地方

解： 系安全带有下列不准：

① 不准系在杆尖上；

② 不准系在横担上；

③ 不准系在要被拆卸的部件上；

④ 斜跨横担系好后不准影响探身。

登杆上到工作位置时，安全带只能斜跨横担系好。如果是光杆应将安全带在杆梢以下 30cm 处绕一圈并压住后再系好。

【7-12】 电杆和登杆脚扣的关系

解： 这个问题很简单，就是说上多大电杆用多大的登杆脚扣。如上的是 8m 的电杆，就用 8m 的脚扣。脚扣是与电杆配套的。

要注意的是，脚扣有登木杆脚扣和登混凝土杆脚扣两种，这两种不能混用。

【7-13】 在梯子上工作时如何站立正确

解： 登梯正确姿势如图 7-13 所示。梯子有人字梯和直梯两种，如图 7-14、图 7-15 所示。直梯用于户外高空作业，人字梯用于户内登高作业。

使用梯子时的注意事项如下。

① 使用前要检查竹、木梯有无蛀虫和裂痕。

② 检查金属梯两脚是否绑有防滑材料，人字梯中间是否连着自动滑开的安全绳。

③ 在梯子上作业时两脚应按图 7-13 所示姿势站立，即前一只脚从后一只脚所站梯步

防滑拉绳

图 7-13 登梯正确姿势　　　图 7-14 直梯　　　图 7-15 人字梯

高两梯步的空中穿进去，越过该梯步后，即从下方穿出来，踏在比后一只脚高一梯步的位置，使该脚以膝弯处为着力点。

【7-14】 不知直梯靠墙时夹角应该多大

解： 一般情况，直梯靠墙的安全角：与地面夹角 $60°\sim 75°$，要求梯子安放位置与带电体保持足够的安全距离。

【7-15】 怎么使用砂轮机

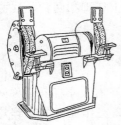

图 7-16 砂轮机外形

解： 使用砂轮机时，要了解砂轮机的用途，砂轮机是主要用来对刃磨刀具、钻头表面进行修磨的工具，砂轮机的外形如图 7-16 所示。

使用砂轮机的注意事项如下。

① 使用砂轮机打磨工件，必须戴防护眼镜，要站在斜侧位置，以防止砂轮碎裂或工件跳出伤人。

② 使用时，先接通电源，待电动机带动砂轮达到额定转速后，才能进行磨削工作。

③ 在磨削工件时，禁止将工件与砂轮撞击磨削，这会使砂轮损坏。

④ 在磨削过程中发现砂轮因磨损过小或出现偏摆跳动现象，要立即停机修整后再使用。

【7-16】 电焊机引弧效果差的原因

解： 电焊机是维修工不可少的重要设备之一，它的外形如图 7-17 所示。如果电弧不能可靠引燃，一般将交流电焊机空载电压处于 $55\sim 100V$ 的范围之内，而直流电焊机的空载电压不低于 $40V$。还要求电焊机的电流调节范围为电焊机额定电流的 0.25～

图 7-17 电焊机外形

1.2 倍。

【7-17】怎么使用手拉葫芦

解： 手拉葫芦用于小型设备和重物的短距离吊装，手拉葫芦外形如图 7-18 所示。使用手拉葫芦要注意以下事项。

图 7-18　手拉葫芦外形

① 使用前要全面检查手拉葫芦，不能有损坏、传动不灵和掉链等现象。

② 操作时，起重链子不得缠扭，如有缠扭，应整理好后再操作。

③ 手拉葫芦开始用力后，检查各部有无异常现象，经检查确认良好后才能继续工作。

④ 手拉葫芦不能超载使用，已吊起的重物如果需要停留较长时间，应将手拉链条拴在起重链上。

⑤ 发现转动部分缺油时，要及时补油，保证润滑。切记，给转动部分上油时，切勿使润滑油渗进摩擦胶木片内，以防止自锁失灵。

【7-18】怎么使用喷灯

解： 喷灯是对工件进行加热的一种工具，其火焰温度可以达到 900℃。喷灯实物如图 7-19 所示。

使用喷灯时应注意下列事项。

① 按喷灯要求加燃料油。

② 检查喷灯各部位是否漏油，喷嘴是否塞死，是否有漏气现象，检查合格后才能使用。

图 7-19　喷灯实物

③ 修理喷灯或加油、放油时，必须先灭火。

④ 点火时，喷灯的喷嘴前禁止站人。

⑤ 喷灯在工作时，喷灯的火焰与带电体要保持安全距离，且工作场所禁止有易燃易爆等危险物品。

⑥ 喷嘴点燃前，先在火碗内注入燃油，待喷嘴烧热后，再缓慢打开进油阀，使火从喷嘴处喷出。

⑦ 给喷灯加压打气时，要先关闭进油阀。

【7-19】 怎么使用电烙铁

解： 电烙铁有外热式、内热式、感应式等多种形式。常用电烙铁如图 7-20、图 7-21 所示。

使用电烙铁时，一定要注意以下事项。

① 检查电烙铁外壳一定接 PE 线与大地等电位。

② 使用前检查电源电压与电烙铁的额定电压是否相符，一般为 220V。

③ 电烙铁不能在易燃易爆场所或腐蚀性气体中使用。

④ 焊接电线接头、电子元器件，一定要用松香做焊剂，禁止用含有盐酸等腐蚀性物质的焊锡膏焊接，防止腐蚀印制电路板或短路电气线路。

⑤ 电烙铁焊接金属铁、锌等物质时，可用焊锡膏焊接。

⑥ 发现紫铜制的烙铁头氧化不易沾锡时，可用锉刀锉去氧化层，在酒内浸泡后再用，切勿在酸内浸泡，防止腐蚀烙铁头。

⑦ 焊接电子元器件时，最好选用低温焊丝，头部涂上一层薄锡后再焊接。焊接场效应晶体管时，应将电烙铁电源插头拔掉，利用余热去焊接，防止损坏管子。

⑧ 使用外热式电烙铁时，要经常将铜头取下，清除氧化层，防止日久造成铜头烧死。

⑨ 电烙铁通电后不能敲击，以免缩短使用寿命。

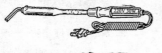

图 7-20　大功率电烙铁

图 7-21　小功率电烙铁

【7-20】 新电烙铁头怎么搪锡

解： 新烙铁在使用前一定要
将烙铁头搪锡。其方法是用细钢锉把烙铁头氧化层锉干净，然后在
焊接时和松香一起在烙铁上沾一层锡，如图 7-22 所示。

(a) 用细钢锉锉铜头端部　　(b) 铜头端部深入焊剂　　(c) 铜头端部均匀涂上焊锡

图 7-22　电烙铁头搪锡

【7-21】 怎么使用转速表

解： 转速表用来测定电动机转轴旋转的速度，或测定负载
端机械轮的转速。转速表的外形如图 7-23 所示。使用转速表时应
注意以下事项。

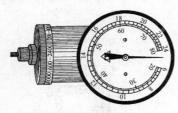

图 7-23　转速表

① 在测速之前必须先装好转速表及其配套测量器。根据电动机转轴估计出旋转速度，然后把转速表的调速盘转到所需要测的转速范围内。

② 在测速中不许换挡位，如果需要换挡位，则必须要等到转速表停转后再换，以免损坏内部机构。

③ 测量转速时，将转速表的测量轴与被测量轴轻轻接触并逐渐增加接触力。

④ 测量时手持转速表要保持平衡，转速表测量轴与电动机轴保持同心，直到测量指针稳定后再记录数据。

【7-22】 如何测定电动机轴的转速

解： 在难以估计电动机转速时，应先将转速表的速度盘调到最高挡位，再测量观察，确定转速后，再向低挡位调，以使测量准确。

【7-23】 如何装拆台钻钻头

解： 台式钻床又称台钻，如图 7-24 所示。台钻一般用来加工直径小于 12mm 的孔。它能调节 3 挡转速或 5 挡转速。台钻的主体和工作台之间可进行上下、左右调节，调定后必须锁紧锁住手柄。使用时应注意，要变速时，先停车。钻孔时，立轴做顺时针方向转动。

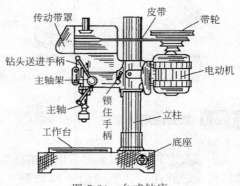

图 7-24 台式钻床

装拆钻头参照图 7-25 进行。

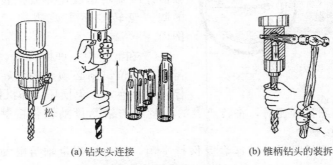

(a) 钻夹头连接　　　(b) 锥柄钻头的装拆

图 7-25 装拆钻头的方法

【7-24】 怎么使用油压千斤顶和手摇绕线机

解:

（1）油压千斤顶是用来顶起较重的物体的工具，使用时将手柄插入摇杆孔内上下往复操作，使千斤顶上升；降落时将放油阀逆时针方向旋转，活塞杆下降。油压千斤顶的外形如图 7-26 所示。

使用油压千斤顶应注意以下事项。

① 选用千斤顶的起重能力不得小于被顶重量，禁止超负载使用。

② 升起高度不能高于规定数值。

③ 对重物的重心要选择适当，底座要垫平。

④ 操作时，油压千斤顶的基础必须稳定可靠。

（2）手摇绕线机主要用来绕制小型电动机的绕组、低压电器线圈和小型变压器。手摇绕线机外形如图 7-27 所示。

使用手摇绕线机应注意以下事项。

① 使用时，要将手摇绕线机固定在操作台上。

② 绕制线圈时记下起头指针所指示的匝数，并在绕制后减去该匝数。

图 7-26　油压千斤顶外形

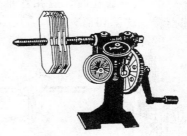

图 7-27　手摇绕线机外形

【7-25】 怎么使用丝锥

 解:

（1）丝锥是加工内螺纹的工具，常用的有普通螺纹丝锥和圆柱形丝锥两种。丝锥分头锥、二锥、三锥等。与丝锥配套使用的是铰手架，如图 7-28 所示。

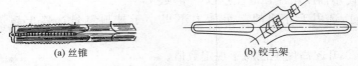

(a) 丝锥　　　　　　　　　　　　(b) 铰手架

图 7-28　丝锥和铰手架

（2）攻螺纹操作（图 7-28）按下列步骤进行。

① 划线，钻底孔，底孔孔口倒角，如果是通孔要两端倒角，便于丝锥切入，并防止孔口螺纹崩裂。

② 工件夹持时应尽可能把底孔中心线置于水平或垂直位置，如图 7-29（a）所示。

③ 先用头锥起攻，丝锥一定要和工件垂直，可用手掌按住铰手架中部用力加压，另一手配合做顺时针方向旋转，如图 7-29（b）所示。

④ 攻螺纹时，必须按头锥、二锥、三锥的顺序攻削至标准尺寸。

⑤ 攻不通孔时，应在丝锥上做深度标记，攻螺纹时要经常退出丝锥，排除切屑。

⑥ 在攻螺纹中，要加注冷却润滑液。

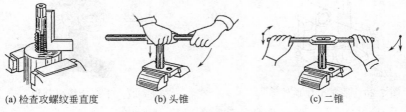

(a) 检查攻螺纹垂直度　　　(b) 头锥　　　　　　(c) 二锥

图 7-29　攻螺纹示意图

【7-26】 **怎么使用套螺纹工具套螺纹**

解： 套螺纹工具简称板牙，是专门加工外螺纹的工具。常用的有圆板牙和圆柱管板牙。圆板牙如同一个螺母，在上面有几个均匀分布的排屑孔，并以此形成刀刃，如图 7-30 所示。板牙铰手如图 7-31 所示。板牙铰手用于安装板牙，与板牙配合使用。板牙的外圆上有 5 只螺钉，其中均匀分布的 4 只螺钉起紧固板牙的作用，上方的一只兼有调节小板牙螺纹尺寸的作用。但是，这只螺钉必须插入板牙的 V 形槽内。

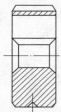

图 7-30 圆板牙

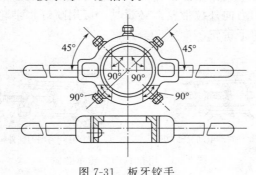

图 7-31 板牙铰手

【7-27】 **怎么使用拉具**

解： 拉具又叫拉钩、拉马或拉子，是电工拆卸带轮、联轴器以及电动机轴承、电动机风叶时使用的一种工具，如图 7-32 所示。

使用拉具的注意事项如下。

① 使用拉具拉电动机的带轮时，要把拉具摆正，丝杠要对准电动机的轴心，然后用扳手上紧拉具的丝杠，用力要均匀，如图 7-33所示。

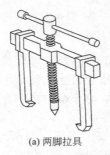
(a) 两脚拉具

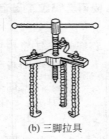
(b) 三脚拉具

图 7-32　两种小型拉具实物示意图

② 在使用拉具时，如果所拉的部件与电动机轴间锈死，要在轴的接缝处浸些汽油或螺栓松动剂，然后用铁锤敲击带轮外圆或丝杠顶端，再用力向外拉带轮。必要时，可用喷灯将带轮的外表加热后，再迅速拉下带轮。

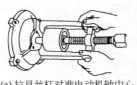
(a) 拉具丝杠对准电动机轴中心

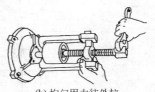
(b) 均匀用力往外拉

图 7-33　用拉具卸带轮示意图

【7-28】 电动机上轴承时太紧安装不上怎么办

解： 电动机轴承安装时，如果太紧，可用如下方法。

① 将电动机轴外表和轴承内圆表面涂些机油后，再将轴承往电动机轴上安装，最好使用一根钢管（长度适当，能将电动机轴套在钢管里面，要求大小合适），用大锤打击钢管，通过钢管打压轴承里套，将轴承安装好。

② 使用加热法：将轴承放在机油里，用电炉加热到适当温度后，迅速取出装在电动机轴上。这项工作中要注意防火安全，要有专人看守，注意触电，容器应是绝缘体。

【7-29】 用电钻在钢板上钻眼钻不准

解： 在钢板上用电钻钻眼容易打滑，所以在钻眼时，首先要在待钻眼的位置划线，在眼位用样冲冲一个样眼（小坑）。样冲又叫冲子。

冲眼（图 7-34）的要求如下。

① 位置要准确无误，中心点不能偏移。

② 线条长而直时，冲眼距离可大些；线条短而粗时，冲眼距离要小些。

③ 钻眼时，检查钻头中心是否对准被钻孔眼的中心。

④ 手握电钻一定要稳，用力不可太猛。

(a) 样冲(冲子)　　(b) 样冲对准划线中心　　(c) 冲眼时样冲垂直

图 7-34　样冲（冲子）及冲眼方法

【7-30】 旧螺栓已锈死拆不下来怎么办

解： 对生锈的小型旧螺栓，不能拆下来时，可用錾子进行錾断清除。錾子还能錾除金属毛刺、在墙面打孔等。

使用錾子时的注意事项

① 使用錾子前要检查锤头是否装牢固，使用时，左手握紧錾子，錾子尾部要露出约 4cm 的长度，右手握紧锤子用力敲击如图 7-35（a）、（b）所示。

② 錾削金属物时，錾子工作的前方严禁站人，以免碎屑飞出伤人。

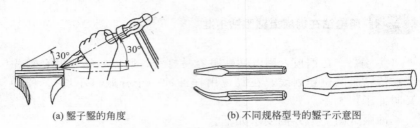

(a) 錾子錾的角度　　　　　　　　(b) 不同规格型号的錾子示意图

图 7-35　錾子及使用方法

【7-31】 如何提高松脱螺钉的效率

解: 电工的工程安装和修理工作中, 为了提高松脱螺钉的效率, 一般使用电动旋具 (图 7-36) 或气动旋具。它主要利用电压或气压作为动力, 使用时只要按合开关, 旋具即可按预先选定的顺时针或逆时针方向旋动, 完成旋紧或松脱螺钉的工作。当螺钉被旋紧至预定的松紧度时, 旋具便自动打滑, 不再旋动, 从而可有效保证装接的一致性和可靠性。

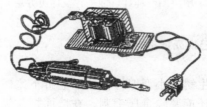

图 7-36　电动旋具实物图

【7-32】 如何用锉刀锉平电工工件

解: 锉刀是用来对工件进一步加工切削整形的工具。锉刀的种类很多, 一般可分为普通锉刀和整形锉刀。普通锉刀有平锉、半圆锉、方锉、三角锉、圆锉等, 如图 7-37 所示。

使用锉刀时, 要掌握正确的使用方法, 一般左手压锉, 右手握锉, 如图 7-38 所示。锉削时, 始终保持在水平面内运动, 返回时不必加压力，当向前锉时两手作用在锉刀上的推进压力，必须保持锉刀在锉削运动中的平衡，以保证加工工作表面的平整。

图 7-37　锉刀

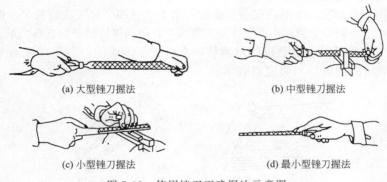

(a) 大型锉刀握法　　　　　(b) 中型锉刀握法

(c) 小型锉刀握法　　　　　(d) 最小型锉刀握法

图 7-38　使用锉刀正确握法示意图

【7-33】**手用钢锯是什么**

解：手用钢锯由锯弓和锯条组成，锯弓前端有一个固定销子，后端有一个活动销子，锯条挂在销钉上后旋紧调节螺母即可使用。安装时锯条的锯齿要朝前，锯弓要上紧。

锯条一般分为粗齿、中齿、细齿三种。粗齿锯和细齿锯如图 7-39所示。粗齿锯是用来锯削铜、铝和木板材料等。细齿锯用来锯较硬的钢板及电工用穿线铁管和塑料管等。

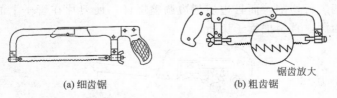

(a) 细齿锯　　　　　　　(b) 粗齿锯

图 7-39　手用钢锯示意图

【7-34】 如何找平配电柜的底座

解： 配电柜的底座有工字钢制作的、有用混凝土做的，做好以后将配电柜放在上面。配电柜放好后要求平稳，且与地面垂直。如果配电柜的底座表面不是水平面，配电柜放上不能平稳，更不可能与地面垂直。

一般情况，配电柜底座表面使用水平仪（图7-30）进行找平。框式水平仪的每个侧面均可以作为工作面，各侧面保持精确的直角关系。

水平仪的精度是以气泡偏移一格时被测表面倾斜的角度或被测表面1m内的倾斜高度差表示的。

(a) 框式水平仪　　　　　　(b) 一般水平仪

图7-40　水平仪示意图

【7-35】 如何用管子割刀割钢管

解： 用管子割刀切割电线管时，管口内会缩小变形，对穿电线不利，所以电线管一般不用管子割刀切割。常用手钢锯和砂轮锯切割电线管，但是要用圆锉将管口内边棱角锉光滑。

管子割刀如图7-41所示，是切割钢管的一种工具，在水暖工程中常用。切割时，旋转管子割刀，使其做圆周运转逐步旋紧，紧固手柄进行切割，而且边切割边调整螺杆，使刀片在管子上的切口不断加深，直至把管子切断。

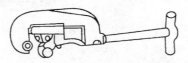

图7-41　管子割刀示意图

长时间进行钢管切割，刀口处温度高时，必须在刀口处点一点机油，再进行切割。

【7-36】 如何对塑料管材进行焊接

解： 要对塑料管材进行焊接时，可用塑料电热焊枪（图 7-42），它是塑料管材和板材的专用焊接工具。塑料电热焊枪的功率为 450～500W，使用电压为 220V 和 36V。

图 7-42 塑料电热焊枪示意图

【7-37】 如何测量工件的内外尺寸

解： 测量工件的内外尺寸可用游标卡尺，游标卡尺是中等精度的量具，可直接量出工件的内外尺寸。游标卡尺如图 7-43 所示，使用时，应先校准零位，读数分三步进行。

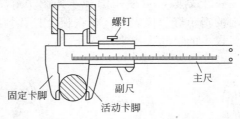

图 7-43 游标卡尺测量工件内外尺寸示意图

① 读整数：在主尺上，与副尺零线相对的主尺上左边的第一条刻度线是整数的毫米值，如图 7-44 中箭头①所示。

② 读小数：在副尺上找出与主尺刻度对齐的刻线，从副尺上读出毫米的小数值，如图 7-44 中箭头②所示。

③ 将上述两数值相加，即为游标卡尺测量的尺寸。

图 7-44　游标卡尺及量值的读数

【**7-38**】　**如何在工件上划平行线和划圆**

解：可使用直角尺在工件上划平行线，如图 7-45 所示。电工不但在工件上划平行线，还要在建筑物平面上划线路走向线等。

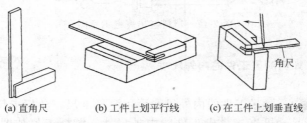

(a) 直角尺　　　(b) 工件上划平行线　　　(c) 在工件上划垂直线

图 7-45　用直角尺在工件上划平行线和垂直线示意图

如果要在工件上划圆，可使用圆规，如图 7-46 所示。圆规可在安装配电柜上的指示灯、仪表时，在铁板上打孔划圆定位，操作时，按指示灯、仪表的尺寸大小来划圆孔。

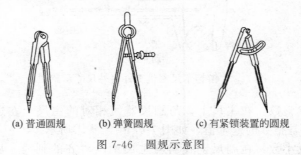

(a) 普通圆规　　　(b) 弹簧圆规　　　(c) 有紧锁装置的圆规

图 7-46　圆规示意图

【7-39】 如何使用紧线器

解： 紧线器是在架空线路中，用来拉紧电线的一种工具。紧线器有钳形紧线器（图 7-47）、附有拉力表的紧线器、普通紧线器等多种。

使用紧线器时，将 ϕ4mm 镀锌钢丝绳绕于滑轮上，挂置于横担或其他固定部位，用夹头夹住电线，以摇柄转动滑轮，使钢丝绳逐渐卷入轮内，电线被拉紧而收缩至适当程度。

使用紧线器的注意事项如下。

① 检查紧线器有无断裂现象。使用时要将钢丝绳理顺，不能扭曲。

② 滑轮、滑爪应完好灵活，不能有脱扣现象。使用时应经常加入机油润滑。

③ 紧线器的使用如图 7-48 所示。

图 7-47 钳形紧线器

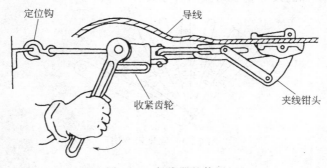

图 7-48 紧线器的使用

【7-40】 什么是塑管割刀

解： 用刀切割塑料管时其管口是很难切割平整而圆的。可采用塑管割刀（图 7-49）进行切割。塑管割刀手柄采用铝合金压铸表面喷漆加工，进退快速滑道经过机床精密加工，可做到正确使用时不走螺旋、不偏离方向。

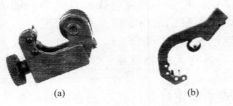

(a)　　　　　　　(b)

图 7-49　塑管割刀实物图

【7-41】 如何使用塞尺

解： 塞尺又称测微片或厚薄规，它由许多种厚度的薄钢片组成，如图 7-50 所示。塞尺的长度有 50mm、100mm、200mm 等多种规格。塞尺用来测量两个零件相配合表面间的间隙。

塞尺的使用：将塞尺插入两零件间，正好插入该间隙的塞尺，它上面所标的尺寸就是间隙的尺寸数。

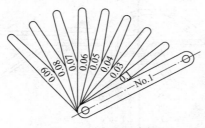

图 7-50　塞尺示意图

【7-42】 **如何使用手提式切割机**

解： 手提式切割机，是专门切割石材的电动机具，如图 7-51 所示。

（1）切割机的使用

① 使用前的检查电源电压与手提式切割机的额定电压要相符，开关灵活有效，切割片完好，确认无误后才可开机。

② 旋松深度尺上的翼型螺母并上下移动平台板，调节切割深度。在预定的深度拧紧螺母将平台固定。

③ 安装冷水管：旋松固定管夹的翼型螺母，将尼龙管接在水管上，拧紧翼型螺母将水管用管夹夹紧。然后将尼龙管的一端接在旋塞上，另一端用连接器接到水龙头上。拧开水龙头，调节旋塞以调节水量，如图 7-52 所示。

图 7-51　手提式切割机

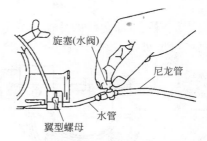

图 7-52　调节水量的方法示意图

④ 切割机平台板前部边缘与加工件上的切割线对齐。

⑤ 按下切割机把手开关，切割机启动，松开切割机把手开关，切割机停止转动。如果要切割机连续转动，按下切割机把手开关后再按下锁钮即可。

⑥ 调节好水量后，将工具底板放在要切割的工件上面而不使切割片与工件接触，手握紧机具把手，然后启动机具。待机具达到额定转速时，才可缓慢地沿着工件表面向前移动，机具推进要保持水平，割口顺直光滑，前进速度应均匀。停止操作时，要等切割片完全停止转动后，再将机具移出，防止损坏锯片。

（2）使用切割机的注意事项

① 石材切割机只能用于水平直线切割，不能垂直或曲线切割。

② 操作中应戴橡胶手套，穿橡胶靴子。

③ 细心检查切割片是否有裂纹或损伤，如有损伤应立即更换。

④ 使用与工具配套的配件。

⑤ 注意不要损伤旋转轴、法兰和螺栓，这些部件的损伤会导致切割片的损坏。

⑥ 切割时要握紧切割机的把手，严禁触摸旋转部位。防止冷却水进入电动机里，水进入电动机会导致触电事故。

⑦ 严禁带负荷启动切割机，启动切割机前应确认切割片没有与工件接触。

⑧ 禁止将切割机的开关长期固定在"ON"位置。

【7-43】 如何测量漆包线的外径

👆**解：** 漆包线的外径，可用千分尺进行测量，它的精确度很高，一般可精度到0.01mm。千分尺外形如图7-53所示。

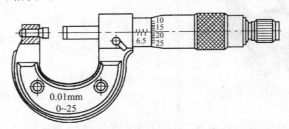

图7-53　千分尺外形

使用方法：将被测的漆包线拉直后放在千分尺砧座和测微杆之间，然后调整微螺杆，使之刚好夹住漆包线，此时，可以进行读数了。读数时先看千分尺上的整数读数，再看千分尺上的小数读数，二者相加即为漆包线的直径尺寸。

千分尺整数刻度一般每格为1mm，旋转小数刻度一般每格为0.01mm。

千分尺的读数如图7-54所示。

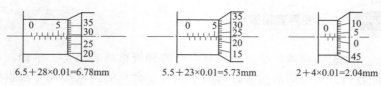

$6.5+28×0.01=6.78mm$ $5.5+23×0.01=5.73mm$ $2+4×0.01=2.04mm$

图 7-54 千分尺的读数示意

【 7-44 】 **如何使用内、外卡钳**

解： 内、外卡钳是一种间接测量工具，其结构如图 7-55 所示。在测量尺寸时，先在工件上度量，再在带读数的量具上进行比较，便可得出准确读数。

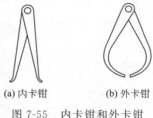

(a) 内卡钳   (b) 外卡钳

图 7-55 内卡钳和外卡钳

【 7-45 】 **怎么划角度线**

解： 可使用角度规划角度线或测量角度，如图 7-56 所示。

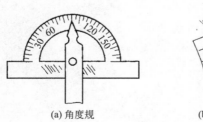

(a) 角度规   (b) 用角度规划角度线

图 7-56 角度规及其使用

【7-46】 怎么使用套筒扳手

解： 套筒扳手一般附有一套各种规格的套筒头、手柄、接杆、万向接头、旋具接头、弯头手柄等。套筒的内六棱尺寸根据螺栓的型号依次排列，可以根据需要选用。操作时，根据作业需要更换附件接长或缩短手柄，如图 7-57 所示。

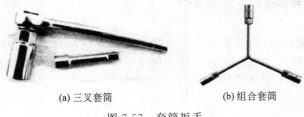

(a) 三叉套筒　　　　　　　　(b) 组合套筒

图 7-57　套筒扳手

第8章
解读电工基本技能

Chapter 08

【8-1】 **怎么剥离导线绝缘层**

解：

① 对于截面尺寸在 $4mm^2$ 以下的塑料绝缘导线，用剥线钳剥去导线外层绝缘层，如图 8-1 所示。

导线剥去绝缘后　　　　剥线钳

图 8-1　用剥线钳剥去导线绝缘层

② 导线截面尺寸大于 $4mm^2$ 时，应用电工刀来剥去绝缘层，将电工刀以 $45°$ 角切入塑料绝缘层，不可切到芯线，否则会降低导线的机械强度和增加导线电阻。剥削方法见图 8-2。

③ 用电工刀剥削塑料护套线绝缘层的方法：根据需要长度，用电工刀尖对准芯线的缝隙划开护套层。将护套层向外扳翻，再用

(a) 电工刀　　(b) 用电工刀剥绝缘层　　(c) 刀切入45°　　(d) 导线露出芯线

图 8-2　用电工刀剥去导线绝缘层

电工刀齐根切去。用电工刀按照剥离塑料护套线绝缘层的方法，分别将每根芯线的绝缘层剥去，见图 8-3。

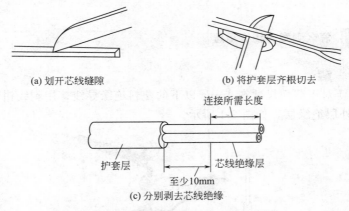

(a) 划开芯线缝隙　　　　　　　　(b) 将护套层齐根切去

(c) 分别剥去芯线绝缘

图 8-3　用电工刀剥塑料护套线绝缘层

④ 漆包线绝缘层的剥削方法：直径在 1.0mm 以上的，用细砂布擦除；直径为 0.6～1.0mm 的可用专用刮线刀刮去绝缘层，如图 8-4 所示。当然，直径在 0.6mm 以下的，也可用细砂布擦除。小心处理，

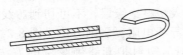

图 8-4　用专用刮线刀刮去漆包线的绝缘漆

不要伤到线芯或折断。也有用微火将漆包线的线头绝缘漆烤焦后，再将漆层刮去。但是不能用大火，否则会使导线变形或烧断。

　　⑤ 橡胶套电缆绝缘层的剥削：用电工刀从电缆端头任意两芯线缝隙处割破部分护套层。把割破的分成两片的护套层连同芯线一起进行反向分拉以撕破护套层，当难以破开护套层时，可再用电工刀补割，直到所需要长度为止。把已翻扳分开的护套层，在根部分别切断，见图 8-5。

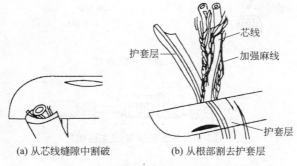

芯线
护套层
加强麻线
护套层

(a) 从芯线缝隙中割破　　　　　(b) 从根部割去护套层

图 8-5　橡胶套电缆绝缘层的剥削

【8-2】 怎么连接导线

解：

　　(1) 独股导线的连接　导线截面尺寸为 $6mm^2$ 及以下时，采用自缠一字连接方法，中间缠绕 2～3 个小麻花，两边各缠绕 5～7 圈，绑缠长度不小于导线直径的 10 倍，如图 8-6 所示。

　　(2) 不等径铜导线的一字连接　见图 8-7。

　　(3) 多股铜导线的一字连接（以 7 股铜导线为例）

　　① 将芯线头剥去绝缘层，长度为 L（约 360mm），将靠近绝缘层 $L/3$ 线段的芯线绞紧，余下的 $2L/3$ 的芯线头散开拉直，分成伞状，如图 8-8（a）所示。

　　② 将两伞状线对插，必须相对插到底，如图 8-8（b）所示。

　　③ 插入后的两侧全部芯线要整平、理直，并使每根芯线间隔

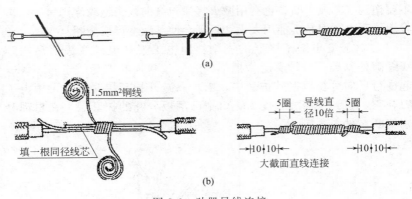

图 8-6 独股导线连接

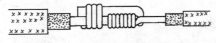

图 8-7 不等径铜导线连接图

均匀，用钢丝钳压紧插口处，消除空隙，如图 8-8（c）所示。

④ 先将一端邻近两股芯线在距插口中线约 3 根单股芯线直径宽度处折起成 90°，如图 8-8（d）所示。

⑤ 接着把这两股芯线，按顺时针方向紧缠 2～3 圈后，再折成 90°并平卧于折起前的轴线位置上，如图 8-8（e）所示。

⑥ 再把紧挨平卧芯线的 2 根芯线，按步骤⑤处理。

⑦ 余下的 3 根芯线按步骤⑤缠绕 3～4 圈后，再将前 4 根芯线从根部分别切断，并用钳子整平；接着将 3 根芯线缠足 3～4 圈后剪去余端，并钳平切口，不留毛刺。

⑧ 另一端按步骤④～⑦进行处理。

（4）多股铜导线的叉接（以 7 股铜导线为例）

① 将芯线头剥去绝缘层（约 360mm），清除氧化层，拉直芯线，分成伞形。

② 把中间的一根芯线长度剪去 $\frac{2}{3}$，把两个线头其余芯线隔根相插，使中间的两根芯线平行拼在一起，将线整形压紧。

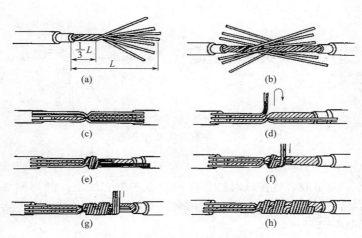

图 8-8　多股铜导线的连接

③ 从中间往两边缠绕，每边各缠绕圈数为：两个 9 圈、两个 7 圈、两个 5 圈（称 99、77、55），但是，缠绕长度应大于或等于导线直径的 10 倍，具体如图 8-9 所示。

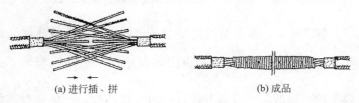

(a) 进行插、拼　　　　　　　　　(b) 成品

图 8-9　导线叉接

（5）单股导线的 T 字形连接　一种是背花连接，在支线上自身缠绕 8 圈；另一种是直接连接，在支线上自缠 5～7 圈，如图 8-10 所示。

（6）单股铜导线与多股铜导线的 T 字形连接（图 8-11）

① 在多股线的左端离绝缘层切口 4～5mm 处的芯线上，用螺丝刀把芯线分成两半。

② 把单股芯线插入多股芯线的两半芯线的中间，使单股芯线的绝缘层切口距离多股芯线约 3mm，再用钳子把多股芯线的缝隙

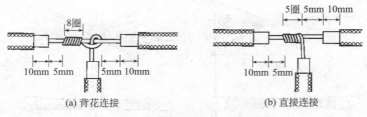

图 8-10 单股导线 T 字形连接

整平压紧。

③ 把单股芯线按顺时针方向缠绕在多股芯线上，圈与圈要密、要紧，接触电阻要小，绕足 10 圈后，切除余线，用钳子钳平切口，不留毛刺。

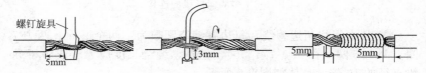

图 8-11 单股铜导线与多股铜导线的 T 字形连接

（7）多股铜线与多股铜线的 T 字形连接（以 7 股铜导线为例）

① 将分支芯线散开拉直，再把紧靠绝缘层 $\frac{1}{8}L$ 线段的芯线绞紧，余下的 $\frac{7}{8}L$ 的芯线分成两组（一组 3 根芯线、一组 4 根芯线），排列整齐。用旋转凿把干线撬开分为两半，再将 4 根芯线的那组插入干线芯线中间，3 根芯线的那组放在干线芯线的前面。

② 将 3 根芯线的那组在干线右边按顺时针方向紧紧缠绕 4～5 圈，并用钳子压平线端。再将 4 根芯线的那组在干线芯线的左边按逆时针方向紧紧缠绕 5～7 圈。

③ 用钳子压平线端，如图 8-12 所示。

（8）多股铜导线的 T 字形连接 见图 8-13。

（9）单芯导线的十字形连接 见图 8-14。

（10）单芯导线在接线盒内的连接 见图 8-15。

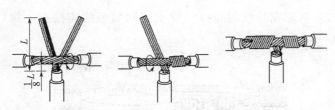

图 8-12 多股铜线与多股铜线 T 字形连接

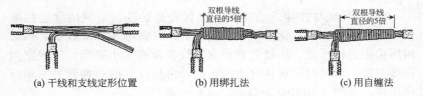

(a) 干线和支线定形位置   (b) 用绑扎法   (c) 用自缠法

图 8-13 多股铜导线的 T 字形连接

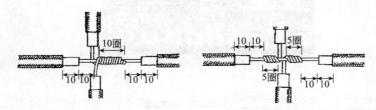

图 8-14 单芯导线的十字形连接

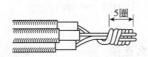

图 8-15 单芯导线在接线盒内的连接

（11）多根多股铜导线的倒"人"字形连接 见图 8-16。

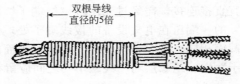

图 8-16 多根多股铜导线的倒"人"字形连接

（12）双芯铜导线的连接　要求相同颜色的连接在一起，如图 8-17 所示。

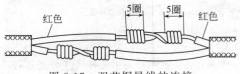

图 8-17　双芯铜导线的连接

（13）导线与连接管的连接　选择合适的连接管，清除连接管内和导线头表面的氧化层，导线插入管内并露出 30mm 线头，然后用压接钳进行压接，压接道数根据导线截面的大小决定。一般室内压接三道。压接时要选择合适的压模，由压接管的一端到另一端顺序压接，见图 8-18 中①～③。

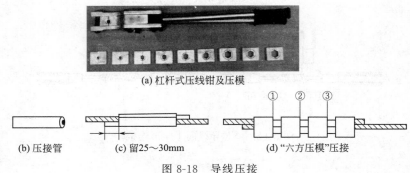

(a) 杠杆式压线钳及压模

(b) 压接管　　(c) 留25～30mm　　(d) "六方压模"压接

图 8-18　导线压接

【8-3】 导线与设备怎么连接

 解：

（1）多股导线压接"线端子"　导线与大容量的电气设备接线端子连接，不宜直接连接，需经过先压接"线端子"作为过渡，然后将"线端子"的一端压在电气设备的接线端子处，要求导线截面与"线端子"截面相同，清除"线端子"和线头表面的氧化层，导线插入"线端子"内，绝缘层与"线端子"之间应留有 5mm 裸线，

以恢复绝缘。用压线钳压接时，使用同截面的压模，压接顺序见图
8-19，先①后②。

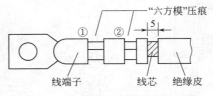

图 8-19　导线接"线端子"的压接

　　（2）铝导线压接封端　根据铝导线的截面选用合适的铝接线端
子，剥去导线端头绝缘层，刷去铝芯线的氧化层，并涂上石英粉
（凡士林油膏）。刷去铝接线端子内壁氧化层并涂上石英粉（凡士林
油膏）。将铝芯线插到孔底，选好六方压模，用压线钳压接。先压
接①再压接②。在剥去绝缘层的芯线和铝接线端子根部缠好绝缘胶
带。刷去铝接线端子表面的氧化层。具体如图 8-20 所示。

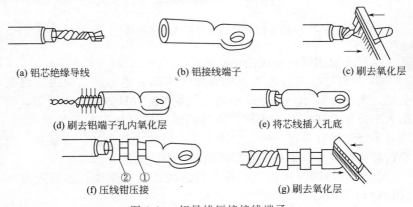

图 8-20　铝导线压接接线端子

　　（3）导线与针形孔接线端子的连接

　　① 单股导线的连接。剥去导线端头绝缘，使线芯稍长于压线
孔的深度，刮去氧化层，将线芯插入压线孔内，拧紧螺钉即可。若
有两个螺钉，先拧紧外侧螺钉再拧紧内侧螺钉。如果导线截面较

小，应先将芯线弯折成双股后再插入压线孔内压接，见图 8-21。

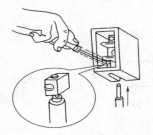 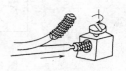

(a) 导线与磁插保险连接　　(b) 弯折导线再连接　　(c) 芯线缠绕加粗再连接

图 8-21　导线与设备接线端子连接

② 多股铜导线的连接。先将芯线头剥去绝缘层，去氧化层，再将芯线拧紧，涮锡后再连接，如图 8-22 所示。

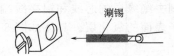

图 8-22　软导线与接线端子连接

(4) 导线用螺钉压接法

① 单股导线的压接法。先将导线头剥去绝缘层，刮去芯线氧化层，离绝缘层 25～30mm 折角把线头按顺时针方向盘成圆圈，圆圈大小应能将螺钉插入为宜。再将圆圈按顺时针安装并拧紧螺钉，注意不要将螺钉压在导线的绝缘上。安装时加装平垫、弹簧垫，把螺钉穿过弹簧垫、平垫、芯线圆圈顺序安装见图 8-23。

② 多股导线的压接法。首先将芯线头盘成圆圈，盘圆圈方法（图 8-24）如下。

a. 将芯线长度的 1/2 重新拧紧。

b. 把拧紧的一部分向外弯折，并弯曲成圆弧。

c. 再将芯线头与原芯线段平行捏紧。

d. 将芯线头分散开，按 2、2、3 分成组，扳起一组芯线垂直于原芯线缠绕。

e. 按多股线对接缠绕法，缠紧芯线。

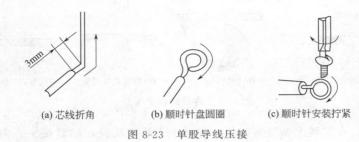

(a) 芯线折角　　　　(b) 顺时针盘圆圈　　　(c) 顺时针安装拧紧

图 8-23　单股导线压接

f. 加工成形，最后用螺钉压接到设备上。

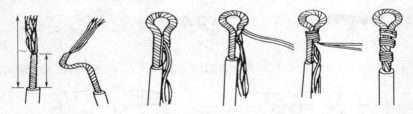

图 8-24　多股导线的芯线头盘圆圈方法

 怎么恢复导线绝缘

解：

（1）直导线恢复绝缘　从导线距绝缘切口约 2 倍带宽处起，先用自粘性防水胶带（自粘胶带）成 45°～55°的倾斜角度，每圈重叠 1/2 带宽缠绕，缠绕至另一端以密封防水。再用黑胶布从自粘胶带的尾部向回缠绕一层，也是要每圈重叠 1/2 带宽。若导线两端高度不同，最外一层绝缘带应由下向上缠绕，如图 8-25 所示。

（2）分支导线连接恢复绝缘　在主线距绝缘切口 2 倍带宽处开始起头，先用自粘胶带缠绕，便于密封，防止进水。缠绕到分支处时，用一只手指顶住左边接头的直角处，使自粘胶带紧贴弯角处的导线，并使自粘胶带尽量向右倾斜缠绕。当缠绕到右侧时，用手指顶住右边接头直角处，自粘胶带向左缠绕，与下边的自粘胶带成 X 状，然后向右开始在支线上缠绕。其方法类同直导线，应重叠 1/2

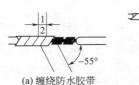
(a) 缠绕防水胶带

(b) 缠绕斜度

(c) 缠绕绝缘胶布

(d) 最外一层
黑胶布向上缠绕

图 8-25　直导线恢复绝缘

带宽。在支线上缠绕好绝缘，回到主干线接头处，贴紧接头直角处再向导线右侧缠绕绝缘。缠绕到主干线的另一端后，再用黑胶布按上述方法缠绕。具体见图 8-26。

(a) 从主干线开始缠绕自粘胶带

(b) 手指顶住左边直角处

(c) 用手指顶住右边直角处

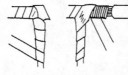

(d) 在支线上缠绕好自粘胶带回到主干线

(e) 用绝缘胶布按上述方法缠绕

图 8-26　分支线连接恢复绝缘

【8-5】 怎么固定导线

解：

（1）在拉台、瓷珠上绑"回头"（也用在针式绝缘子上）　其方法是，将导线绷紧并绕过绝缘子后并齐捏紧，用绑扎线将两根导线缠绕在一起，绝缘子缠绕 5～7 圈，拉台（茶台）缠绕 150～220mm 长。缠绕完后在被拉紧的导线上缠绕 5～7 圈，然后将绑扎线的首尾头拧紧，贴在被拉紧导线上，如图 8-27 所示。

（2）直瓶、瓷珠"单花"绑扎　将绑扎线在导线上缠绕 2 圈，再自缠 2 圈，将较长一端绕过绝缘子，从上至下地压绕过导线。再绕过绝缘子，从导线的下方再向上紧缠 2 圈。将两根绑扎线头在绝

图 8-27 拉台、瓷珠上绑"回头"

缘子背后相互拧紧 5～7 圈，最后平贴于绝缘子背后，见图 8-28。

图 8-28 直瓶、瓷珠"单花"绑扎

（3）直瓶、瓷珠"双花"绑扎（可用于针式绝缘子） 类似"单花"绑扎，在导线上 X 状压绕两次，见图 8-29。

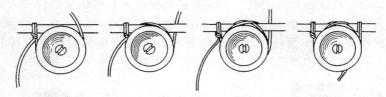

图 8-29 直瓶、瓷珠"双花"绑扎

（4）导线在蝶型绝缘子上的绑扎 这种绑扎法用于架空线路的终端杆、分支杆、转角杆等采用蝶型绝缘子的终端绑扎。绑扎方法：将导线并齐靠紧，用绑扎线在距绝缘子 3 倍腰径处开始绑扎。绑扎 5 圈后，将首端绕过导线从两线之间穿出。将穿出的绑扎线紧压在绑扎线上，并与导线靠紧。继续用绑扎线连同绑扎线首端的线头一同绑紧。绑扎至规定长度后，将导线的尾段抬起，绑扎 5～6 圈后再压住绑扎。绑扎线头反复压缠几次后，将导线的尾端抬起，在被拉紧的导线上绑 5～6 圈，将绑扎线首尾端相互拧紧，切去多余线头，贴紧在被拉紧的导线上，见图 8-30。

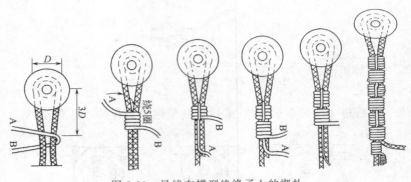

图 8-30　导线在蝶型绝缘子上的绑扎

【8-6】 **怎么埋设电气设备固定件**

解：

（1）膨胀螺栓的安装　安装膨胀螺栓时，先将压紧螺栓放入外壳内，然后将外壳插入墙孔内，用手锤轻轻敲打，使其外壳外沿与墙面平齐，再将螺栓用压紧螺母拧紧。安装纤维填料式膨胀螺栓时，将套筒插入墙孔内，再把螺钉拧到纤维填料内，见图 8-31。

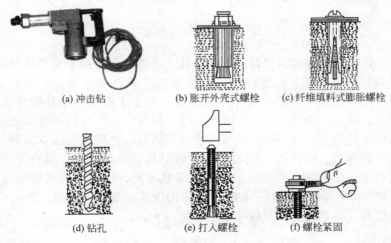

(a) 冲击钻　　(b) 胀开外壳式螺栓　　(c) 纤维填料式膨胀螺栓

(d) 钻孔　　(e) 打入螺栓　　(f) 螺栓紧固

图 8-31　膨胀螺栓的安装

（2）螺栓的埋设 开脚螺栓与开脚拉线耳的埋设：尽量在砖缝处凿孔，孔口凿成狭长形，长度略大于螺栓开脚的宽度。放入开脚螺栓或开脚拉线耳后，在孔内旋转 90°，根据受力方向，在支承点用石子压紧，并注入水泥砂浆，如图 8-32 所示。

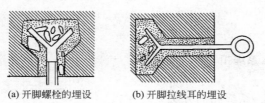

(a) 开脚螺栓的埋设   (b) 开脚拉线耳的埋设

图 8-32 螺栓的埋设

（3）重型吊钩的埋设 先用 ϕ10mm 或 ϕ12mm 圆钢制作吊钩。再用 30mm×4mm 或 40mm×4mm 扁钢制作压板。在楼板悬挂位置用冲击钻打孔，在楼板上凿去孔口周围地坪混凝土。在钩柄上装入螺母和下压板，穿过楼板，再装入上压板和螺母并拧紧，然后敲弯钩的上部余端，最后用 1：2 水泥砂浆补平地面，如图 8-33 所示。

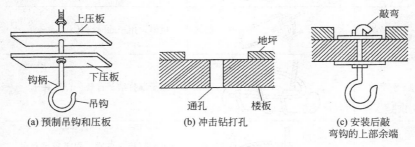

(a) 预制吊钩和压板   (b) 冲击钻打孔   (c) 安装后敲弯钩的上部余端

图 8-33 重型吊钩的埋设

（4）轻型吊钉的埋设 用 ϕ6mm 长约 8cm 圆钢，中间弯成 V 形，再做一个一端弯成圆圈的螺钉。在楼板面定位打洞，将螺钉的圆圈套入圆钢的 V 形处，装入楼板洞，如图 8-34 所示。

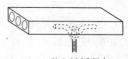

(a) 中间弯成V形　　(b) 一端弯成圆圈的螺钉　　(c) 装入楼板洞中

图 8-34　轻型吊钉的埋设

【8-7】　**怎么系绳扣**

 解： 系绳扣的方法见表 8-1。

表 8-1　系绳扣的方法

名称	图示	说明
活扣		将麻绳的两端结在一起。用于需要迅速解开绳扣的场所
吊物扣		用绳索吊取工具、瓷瓶和其他器材。用于高空作业
拴马扣		拉绳，用于临时绑扎
水手扣		绳子端打结，自紧。容易解开
终端搭回扣	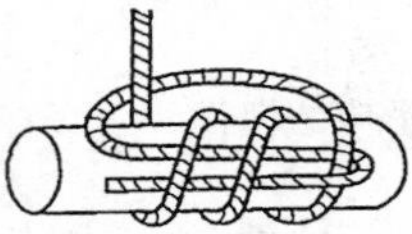	绳子端打结，自紧。用于较重负荷，容易解开
双扣		简单自紧式。用于轻重负荷，容易解开
牛鼻扣		不能自紧，容易解开

续表

名称	图示	说明
死扣		起吊重荷。用于麻绳或钢丝绳
木匠扣		较小的荷重，容易解开
吊钩吊物	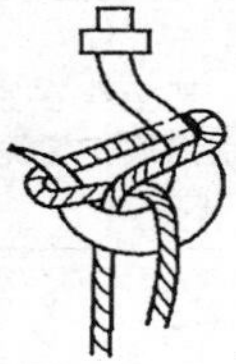	用于起重机或滑轮吊物
吊钩牵物扣	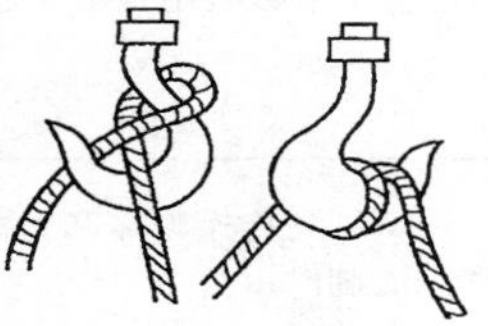	用于滑轮
双梯扣	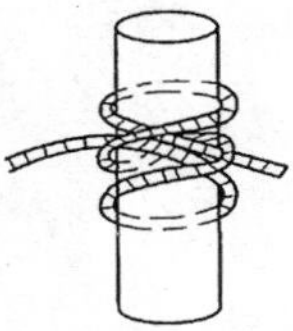	木抱杆缠绑线
缩绳索扣		用于麻绳、棕绳中部临时缩短

续表

名称	图示	说明
"8"字形扣	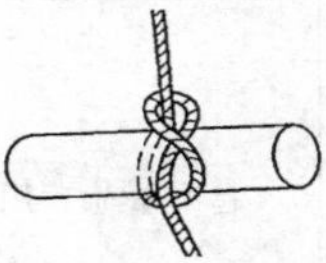	小负荷，麻绳提升
钢丝绳扣	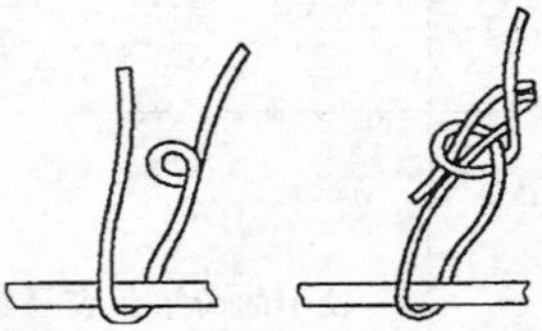	用钢丝绳在固定物体上固定，用于临时场所
钢丝绳套与钢丝绳连接		连接钢丝绳
紧线扣		架空线在紧线时，连接导线的牵引绳或作腰绳用。用于架空作业
倒扣		拉线往地锚上固定，临时用
猪蹄扣		在传递物体和抱杆顶部处绑绳时临时用

第 9 章
解读常用低压电器图形符号、文字代号及图形含义

Chapter 09

【9-1】 **什么是电气符号**

解： 电气图是电工技术领域中各种图的总称，是技术交流和生产活动的"语言"。电气图，就是把电源的电流流径描在纸上。常用电气图表示系统、分系统、成套装置和设备等实际电路的细节。

电气图采用国际标准（IEC）的图形符号和文字代号来代表各种实物元件，其组成不考虑实体的尺寸、形状和位置。

低压电器各种实物所标注的图形符号、文字代号是作为电工画电路图的基础。

【9-2】 **交流接触器接点号解读**

解： （1）交流接触器 CJ_{20}

① CJ_{20} 实物接点编号如图 9-1 所示。

② CJ_{20} 立面接线接点图号如图 9-2 所示。

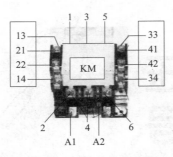

图 9-1　CJ₂₀实物接点编号

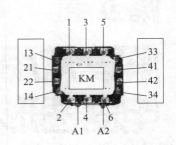

图 9-2　CJ₂₀立面接线接点图号

③ CJ₂₀接点图形符号如图 9-3 所示。

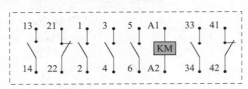

图 9-3　CJ₂₀接点图形符号

从图 9-3 得知，KM 代表交流接触器；13、14，33、34 代表 KM 的两对常开触点；21、22，41、42 代表 KM 的两对常闭触点；1、2，3、4，5、6 代表 KM 的三对主接点；A1、A2 代表 KM 的线圈接点号（其他交流接触器接点位置不一定与此相同）。

（2）交流接触器 CJ₁₀

① CJ₁₀接点编号如图 9-4 所示。

② CJ₁₀立面接线接点图号如图 9-5 所示。

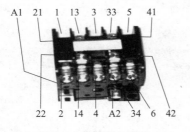

图 9-4　CJ₁₀接点编号

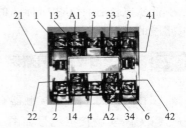

图 9-5　CJ₁₀立面接线接点图号

③ CJ$_{10}$接点图形符号如图 9-6 所示。

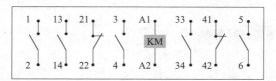

图 9-6　CJ$_{10}$接点图形符号

【9-3】 热继电器接点解读

解： ① FR 实物接点编号如图 9-7 所示。

② FR 立面接线接点图号如图 9-8 所示。

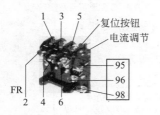

图 9-7　FR 实物接点编号

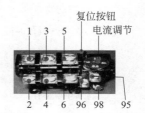

图 9-8　FR 立面接线接点图号

③ FR 辅助接点连接标号如图 9-9 所示。

④ 热继电器辅助接点图形符号的含义如图 9-10 所示。

　　热继电器的辅助接点，在正常情况下，触点 95-96 常闭，95-98 常开；当电动机超载运行时，热继电器动作，触点 95-96 断开，95-98 闭合，交流接触器断电而释放，电动机不得电停止运行。而 95-98 闭合接通了信号回路发出信号。热继电器的复位设定是自动复位时，约 5min，触点 95-98 断开，95-96 自动闭合，电路自动恢复

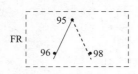

图 9-9　FR 辅助接点连接标号

图 9-10　热继电器辅助接点图形符号

正常。热继电器的复位设定是手动复位时,约等 3min 以后,用手去按复位按钮,触点 95-98 断开解除信号,95-96 闭合,电路恢复正常。

【9-4】 **按钮接点号解读**

解: ① SB 按钮实物接点及图形编号如图 9-11 所示。

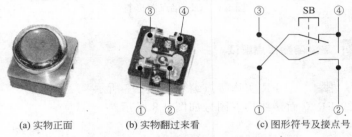

(a) 实物正面   (b) 实物翻过来看   (c) 图形符号及接点号

图 9-11   SB 按钮实物接点及图形编号

② SB 按钮组合接线图编号如图 9-12 所示。

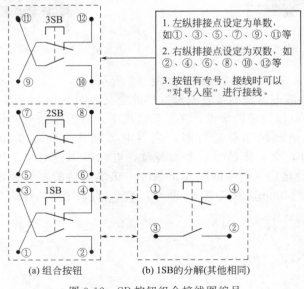

1. 左纵排接点设定为单数,如①、③、⑤、⑦、⑨、⑪等
2. 右纵排接点设定为双数,如②、④、⑥、⑧、⑩、⑫等
3. 按钮有专号,接线时可以"对号入座"进行接线。

(a) 组合按钮   (b) 1SB的分解(其他相同)

图 9-12   SB 按钮组合接线图编号

③ 另一种型号按钮的组合编号如图 9-13 所示。

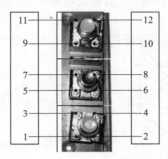

图 9-13　另一种型号按钮的组合编号（正面接线）

【9-5】 熔断器（保险）实物及符号

解： 熔断器（保险）实物及接线图形符号如图 9-14 所示。

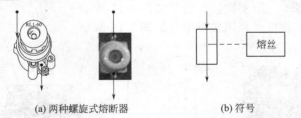

(a) 两种螺旋式熔断器　　　　　　　　(b) 符号

图 9-14　熔断器实物及接线图形符号

【9-6】 空气断路器（空气开关）实物及符号

解： 空气断路器（空气开关）实物与图形符号如图 9-15 所示。

(a) 两种型号空气开关　　　　　　　　(b) 符号

图 9-15　空气断路器（空气开关）实物与图形符号

【9-7】 **刀开关（胶盖闸）实物及符号**

✋ **解：** 刀开关（胶盖闸）实物与图形符号如图 9-16 所示。

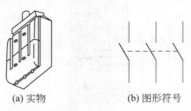

(a) 实物　　　　　(b) 图形符号

图 9-16　刀开关（胶盖闸）实物与图形符号

【9-8】 **中间继电器接点号解读**

✋ **解：** ① 实物接点编号如图 9-17 所示。
② 实物接线全图接点编号如图 9-18 所示。

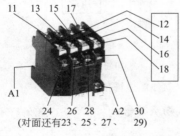

（对面还有23、25、27、29）

图 9-17　实物接点编号

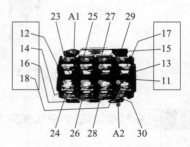

图 9-18　实物接线全图接点编号

③ KA 中间继电器接点图形符号如图 9-19 所示。

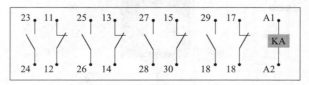

图 9-19　KA 中间继电器接点图形符号

从图 9-19 得知，KA 代表中间继电器；23、24，25、26，27、28，29、30 代表 KA 的四对常开触点；11、12、13、14、15、16、17、18 代表 KA 的四对常闭触点；A1、A2 代表 KA 线圈的接点。

【9-9】 **空气式时间继电器接点号解读**

解： ① KA 空气式时间继电器实物接点编号如图 9-20 所示。

图 9-20　KA 空气式时间继电器实物接点编号

注：A1、A2 为线圈接点。43、44 为瞬动闭合触点。31、32 为瞬动断开触点。17、18 为延时闭合触点。25、26 为延时断开触点。

② KT 空气式时间继电器接点图形编号如图 9-21 所示。

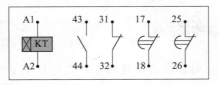

图 9-21　KT 空气式时间继电器接点图形编号

【9-10】 **晶体管时间继电器实物及接点编号**

解： 晶体管时间继电器实物接点编号如图 9-22 所示。

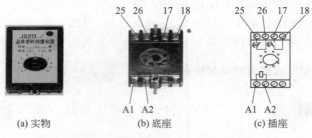

图 9-22 晶体管时间继电器实物接点编号

【9-11】 **行程开关（限位开关） 实物及符号**

👆**解：** 行程开关实物及接点编号与接线图形符号如图 9-23 所示。

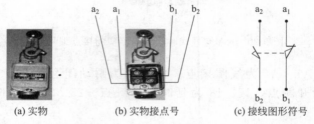

图 9-23 行程开关实物及接点编号与接线图形符号

【9-12】 **指示灯实物及符号**

👆**解：** 指示灯的实物及接线图形符号如图 9-24 所示。

图 9-24 指示灯实物及接线图形符号

【9-13】 **辅助继电器接点号**

解: 辅助继电器实物接点编号及图形符号如图 9-25 所示。

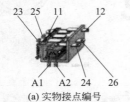 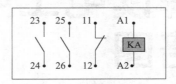

(a) 实物接点编号　　　　　　　　　(b) 接线图形符号

图 9-25　辅助继电器实物接点编号及图形符号

【9-14】 **TC 电源变压器及 SA 开关接点号**

解: 控制电源用 TC 电源变压器、SA 开关如图 9-26（a）、（b）所示。

(a) 变压器实物　　　　　　　　　(b) SA开关接点

图 9-26　控制电源用 TC 电源变压器、SA 开关

第10章
解读电工电路图

Chapter 10

【10-1】 **怎么画电工图**

 解:

（1）画图之前先从第 9 章的图例中选取各种实物的图形符号、文字代号，将它们放在图面的适当位置，如想要画一张三相交流异步电动机单方向运转的原理接线图，必须在电路中设置应有的功能。

① 过电流保护；

② 电流短路保护；

③ 过电流热保护；

④ 频繁接通或断开的接触器及控制按纽等。

（2）先将所需用的设备符号画在适当的位置，如图 10-1 所示。

（3）按照电流流动的方向，用导线连接起来，如图 10-2 所示。在控制回路中，常闭触点串联，常开触点并联。接入两相电源 380V。

工作原理：合上 QF 空开，接通三相交流电源。

启动电动机：按下 2SB，按钮常开触点⑥、⑦闭合，设电源电流某一瞬间从 L_3 流出，回到 L_1 时，KM 交流接触器线圈得电吸合，KM 交流接触器的 13、14 常开触点闭合自锁，KM 交流接触器主

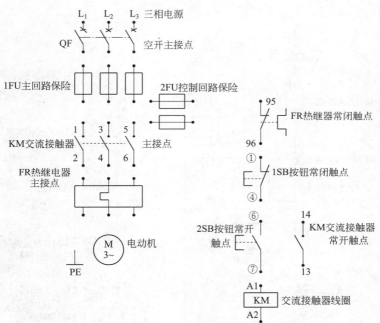

图 10-1　先将所需的图形符号画在适当的位置

（PE 为保护接地线与大地等电位）

触点（1、2、3、4、5、6）闭合，电动机得电运转。

停止电动机：按下 1SB 按钮，常闭触点①、④断开，KM 交流接触器线圈不得电释放，KM 的 13、14 常开触点断开自锁。KM 的主接点断开，电动机失电停止运转。

【10-2】照图怎么走电工电路

解：

（1）走电路的规则　根据电源电流流经的方向走。直流电路电源电流流经的方向，始终从正极向负极方向流动，它的流动方向是不变的，所以走直流电路容易些。但是交流电源电流流经的方向是在不断改变的，方向是可变的，所以走交流电路难一些。只要按照下面的原则就容易了。

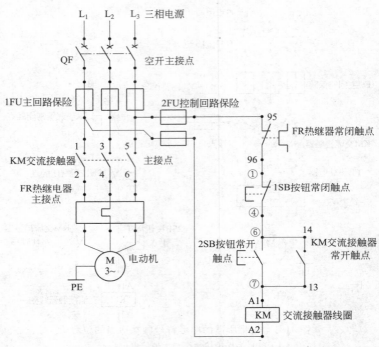

图 10-2 用导线连接起来的三相交流电动机单方向运转原理接线图

① 电源电流流到开关接点或按钮等其他电器的触点时，接点或触点是闭合的电流才可以流过，是断开的电流不能流过。

② 直流电流从正极流出，流经电器线圈或接、触点回到直源电源负极。

③ 电源电流不能往回流，如从正极流出在某处又往回流到正极，电路就走不通了。

④ 交流电源电流流经的方向，设某一瞬间两相电源 380V，电流流经方向从 L_3 流向 L_1 相；设单相交流电源 220V，电源电流流经方向，总是从电源某相如 L_1 相流向 N（工作零线）。

⑤ 注意电器的相互之间的互锁或自锁。

（2）试走照明电路

① 白炽灯原理接线如图 10-3 所示，先将 SA 开关合上，接通

电源，电源电流从 L₃ 流经→FU 保险→SA 开关→EL 电灯泡→N 线，EL 电灯泡得电发光。断开 SA 开关，EL 电灯泡被切断电源（电流不能流过开关的断开点），EL 电灯泡不得电停止发光。

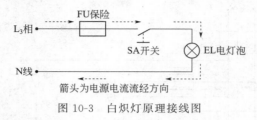

图 10-3　白炽灯原理接线图

② 实物接线如图 10-4 所示。

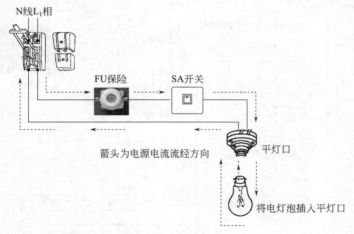

图 10-4　实物接线图

【10-3】 **电工图中的互锁和自锁是什么**

解:

（1）不知电工图中的互锁和自锁，可用三相交流电动机双互锁可逆运行控制原理及接线图（图 10-5）来说明。

① 互锁。在下面的电路如图 10-5 中，控制电动机正、反转的

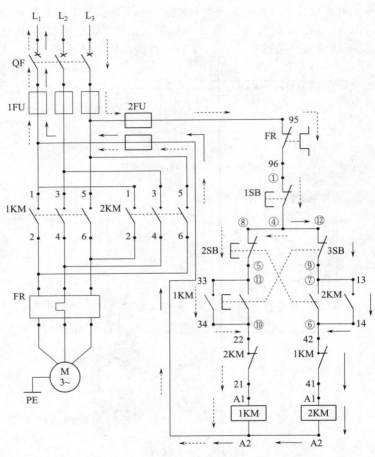

图 10-5　三相交流电动机正反转双互锁原理接线图

两只交流接触器，1KM、2KM 不能同时闭合，如果同时闭合，将会造成电路短路事故。为什么会造成短路事故？设主回路中 1KM、2KM 两只交流接触器主接点同时闭合，L₁、L₃ 相或者说 L₃、L₁ 相的电流没有流经电动机绕组由线路返回电源，而是直接短路造成大电流，发生事故，电路无法工作。要避免这样的事故发生，只能 1KM 交流接触器工作时，2KM 交流接触器不能工作。这就产生了相互控制，当 1KM 交流接触器动作时，使 2KM 交流接触器无法动作，只有在 1KM 交流接触器停止动作后，才能让 2KM 交流接触器接受动作的命令，反之也是一样。这种相互控制，也就是相互之间互锁，1KM 交流接触器动作时，要锁住 2KM 交流接触器绝对不能动作。

② 1KM、2KM 互锁的工作原理。在主回路中是不能做到的，只有在控制回路中才能实现。从图 10-5 中可得知，1KM 交流接触器的 42、41 常闭接点串接在 2KM 交流接触器电路中，当 1KM 交流接触器动作时，其常闭接点立即断开，切断电路锁住 2KM 交流接触器线圈的电路，使之不能得电动作。要想使 2KM 交流接触器受令得电动作，只能在 1KM 交流接触器停止动作后，42、41 接点闭合，才能解锁。同理，反之也是一样。

③ 双互锁。为了使 1KM、2KM 两只交流接触器不能同时动作，将启动按钮中的 2SB 的⑧、⑤常闭触点串接在 1KM 交流接触器电路中；3SB 的⑫、⑨常闭触点串接在 2KM 交流接触器电路中，称为按钮互锁。在控制回路中有 1KM、2KM 交流接触器互锁。2SB、3SB 按钮互锁称为控制回路电路双互锁。

④ 自锁。交流接触器将来电锁住，称为自锁。如图中当按下 3SB，其触点⑪、⑩闭合，触点⑫、⑨断开，1KM 线圈得电吸合，1KM 的常开接点 33、34 闭合，保证 1KM 的线圈不因按钮 3SB 松开而断电。2KM 的接点 13、14 是 2KM 的自锁。图中的按钮连接虚线为按钮的联动线。

（2）电流流过路径

合上 QF 空开接通三相电源，电动机正转运行，按下 3SB 按钮，其触点⑪、⑩闭合，⑫、⑨断开，电源电流从 L_3 流经（某一瞬间）→QF 空开→1FU 主回路保险→2FU 控制回路保险→FR 热继电器的 95、96→1SB 按钮的①、④→2SB 按钮的⑧、⑤→3SB 按钮的⑪、⑩→2KM 交流接触器的接点 22、21→1KM 线圈的 A1、A2→2FU 控制回路另一保险→1FU 主回路保险→QF 空开→回到电源 L_1，1KM 线圈得电吸合，1KM 的常开接点 33、34 闭合自锁，1KM 的常闭接点 42、41 断开，切断 2KM 线圈的电路，1KM 的主接点闭合，三相电源电流流经 QF 空开→1FU 主回路保险→1KM

交流接触器主接点→FR 热继电器的主接点→电动机，电动机得电正转运行。从图 10-5 中可以看出，虚线箭头表示电动机正转运行时，控制电源电流流经的方向；实线箭头表示电动机反转运行时，控制电源电流流经的方向（要电动机反转运行时，按下 2SB 按钮）。

【10-4】 电气设备怎么看图接线

 解：

（1）准备工作　电气设备实际接线，是一项很细致的工作，不能粗心大意，否则容易出错。只要将电工原理接线看明白了，实际接线是比较容易的。现用图 10-5 所示三相电动机正反转双互锁原理接线图试实际接线。

① 按图中要求，将低压电器按额定容量要求选择准备好。如 QF 空开 1 个，1FU 一次保险 3 个，2FU 控制回路保险 2 个，KM 交流接触器 2 个，FR 热继电器 1 个，SB 按钮 3 个。

② 将这些电器安装在一个配电柜中的适当位置上，如图 10-6 所示。

③ 接线要点

a. 主回路接线时，根据负荷的大小正确选导线截面。

b. 先接主回路线路后再接控制回路线路。

c. 接线时，一定要按图的接点号进行。

d. 各个设备的接点上只能压接两根导线的接头，不能多压接导线。

e. 主回路的导线和控制回路的导线尽量使用不同颜色的导线连接。

f. 接线一定要认真，不要接错，接完后一定要检查核对。

g. 接控制回路导线时，要求将导线两头编号，对号入座。

h. 将控制回路的导线固定好。

（2）实际连线

① 电动机主回路实物连线如图 10-7 所示。

② 电动机控制回路的实物连线如图 10-8 所示。

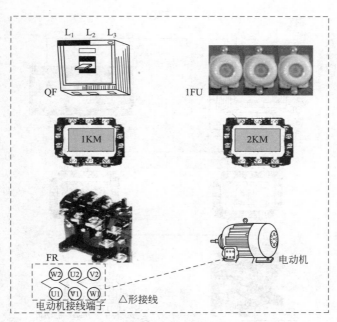

图 10-6 将电气设备固定在配电柜内

（注：电动机不在其内）

【10-5】**电工电路中各元器件的作用解读**

解： 现以图 10-5 所示三相交流电动机双互锁原理接线图中的电器和电气元器件来说明其作用。

① QF 空开。是接通电源的主要开关，本身具有过流保护，当电路中电流超过设定电流时，自动跳闸切断电源，保护电气设备。

② 1FU 主回路保险。主要作为电路中的短路保护，当电路发生短路时，保险器的熔丝熔断切断电源，保护设备。如将保险芯取出后它和 QS 刀开关拉开状态一样，使电路有一个明显的断开点。

③ 2FU 是控制回路的保险。当控制回路中有短路时，其熔丝熔断，它的作用和 1FU 的作用是一样的，作为控制回路的短路保护。

④ KM 交流接触器。它的作用是作为频繁接通或断开电动机电

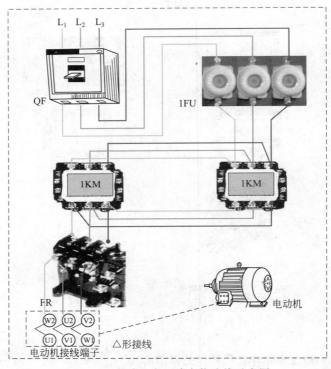

图 10-7   电动机主回路实物连线示意图

源，使电动机得电运转或断电停止运转。

⑤ FR 热继电器。选取调节控制电动机额定电流，当电动机出现故障时，电动机电流超过额定电流，热继电器的热元件温度升高，使 FR 热继电器的 95、96 常闭触点断开，切断控制回路的电源，让交流接触器线圈失电释放，切断电动机的电源，使电动机失电停止运转，保护电动机；FR 热继电器动作后，其 95、98 常开触点闭合，如果接有信号装置时，立即发出信号。

⑥ SB 按钮。是主令开关，用来控制交流接触器启动或停止，如让电动机运转或停止运转。在电路中根据不同需要，可选取不同的电器，使电工电路更加合理。

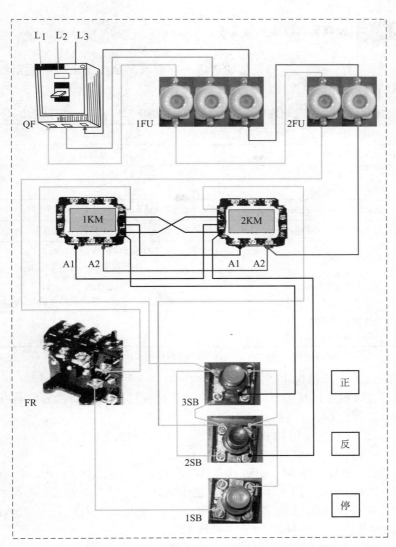

图 10-8　电动机控制回路的实物连线示意图

【10-6】 如何选用低压电器设备

解： （1）电器设备的选用　一般情况是按低压电器额定电流估算，见表10-1。

表10-1　低压电器额定电流估算（仅适用于额定电压三相380V交流异步电动机）

电器额定电流 I_n/A	电动机额定电流/A	电器额定电流范围/A
开关 QS（刀开关）I_{nQS}	I_n	$I_{nQS} \geqslant 3I_n$
开关 QF（空气开关）I_{nQF}	I_n	$I_{nQF} = I_n$或略大于
主回路保险（1FU）I_{n1FU}	I_n	$I_{nFU} = (2.5\sim3)I_n$
交流接触器（KM）I_{nKM}	I_n	$I_{nKM} = (1.3\sim2)I_n$
热继电器（FR）I_{nFR}	I_n	$I_{nFR} = (1\sim1.25)I_n$，保护整定值 $I_{nFR} = I_n$
控制回路保险（2FU）I_{n2FU}	—	I_{n2FU} 为磁插式 $5\sim10$A，熔丝为 $1\sim5$A，螺旋式的可选 15A
自耦减压启动器 QJ3 型 I_{nQJ3}	I_n	I_{nQJ3} 与 I_n 相适应

注：I_n 为电动机额定电流，A；I_{nFR} 为热继电器的额定电流，A；其他依此类推。

（2）实际试选主回路电气元器件

① QS（刀开关）：$I_{nQS} = 3I_n$，设 $I_n = 15$A，$I_{nQS} = 3 \times 15 = 45$（A），可选60A。

② 1FU（主回路保险）：$I_{nFU} = (1.5\sim2.5)I_n$，$I_n = 15$A，$I_{nFU} = 2.5 \times 15 = 37.5$（A），可选30A。

③ 1KM、2KM（交流接触器）：$I_{nKM} = (1.3\sim2)I_n$，$I_n = 15$A，$I_{nKM} = 2 \times 15 = 30$（A），可选40A。

④ FR（热继电器）：$I_{nFR} = (1.0\sim1.25)I_n$，$I_n = 15$A，$I_{nFR} = 1.25 \times 15 = 18.75$（A）可选22A。

（3）实际选取控制回路电气元器件

① 2FU（控制回路保险）：选磁插式为 $5\sim10$A，熔丝 $1\sim5$A，螺旋式为15A。

② FR（热继电器保护整定值）：$I_{nFR} = I_n$，$I_n = 15$A，

$I_{nFR}=15A$。

③ 1SB、2SB、3SB（控制按钮）：可选三个单联按钮或者选一个三联按钮。

④ 1KM、2KM（交流接触器线圈电压）：380V。

实例：设 7.5kW 电动机可逆运行的设备接线，三相 380V 电动机每 1kW 按 2A 计算，其主要元件选择如下。

① 已知，7.5kW 电动机的额定电流为 15A。

② 开关可选用 HK2-60/3 的胶盖闸或 HH4-60/3 的铁壳开关等。

③ 主回路熔断器可选用 RC1A-30/30 的磁插式熔断器或 RL1-60/30 螺旋式熔断器。

④ 交流接触器可选用 B33、CJ20-33、CJ10-40 中任一种。

⑤ 热继电器可选用 JR16-20/3D，热元件的额定电流用 22A 或 16A，整定值在 15A（如果启动频繁整定电流值可适当大一些）。

⑥ 控制回路熔断器可选用 RC1A-5/3 或 RL1-15/2。

【10-7】 电气设备导线截面怎么选取

解：（1）查找国产常用导线

① 国产截面面积在 25mm^2 以下的电线规格有八种，即 1、1.5、2.5、4、6、10、16、25（单位均为 mm^2）。

② 查导线截面面积（S）与导线直径（D）的关系如表 10-2 所示。

表 10-2　导线截面与导线直径的关系

S/mm^2	1	1.5	2.5	4	6	10	16	25
D/mm	1.13	1.37	1.76	2.24	2.73	7×1.33	7×1.70	7×2.12

注：7×1.33，其中 7 表示多根导线，每一根导线的直径是 1.33mm，其他依此类推。

（2）根据设备的负荷电流、敷设方式、敷设环境选用导线

① 查国产绝缘铝导线，明敷设，环境温度按 35℃，其载流量的估算法如表 10-3 所示。

表 10-3   明敷设铝线载流量估算

S/mm^2	10 以下	25	35	70	95	100
估算值/A·mm⁻²	5	4	3	2.5	2.5	2

② 查国产绝缘铝导线，穿管内敷设，环境温度按 35℃，其载流量的估算法如表 10-4 所示。

表 10-4   穿在管内绝缘铝导线载流量估算

S/mm^2	10 以下	25	35	70	95	100
估算值/A·mm⁻²	$5\frac{72}{100}$	$4\frac{72}{100}$	$3\frac{72}{100}$	$2.5\frac{72}{100}$	$2.5\frac{72}{100}$	$2\frac{72}{100}$

16mm² 铜导线可按 25mm² 铝导线载流量计算。从表中可明显看出，绝缘铝导线穿管载流量要下降 28% 进行估算。

说明：a. 使用国产裸线，环境温度按 35℃ 时载流量的倍数，是按相同截面绝缘导线载流量乘 1.5 倍。

b. 铝、铜导线的截面积换算：在使用铝线要换成铜线时可减少一挡截面计算，如现在使用的铝导线截面是 4mm²，可换成铜线截面为 2.5mm²。同理，如现在使用铜导线截面是 4mm²，换成铝线截面则为 6mm²。这就是说如将使用的铝导线换成铜导线可减少一挡截面，如将使用的铜线换成铝线要加大一挡截面。

【10-8】 介绍几种有固定要求的绝缘导线截面

👆 **解:** 穿管用绝缘导线的要求如下。

① 铜导线最小截面为 1mm²。

② 铝导线最小截面为 2.5mm²。

③ 对各种电气设备的二次电压回路绝缘导线要求：如交流接触器的二次电压回路等，虽然电流很小，但为了保证二次导线的机械强度，一般采用截面面积不小于 1.5mm² 的绝缘铜导线。

④ 对各种电气设备的二次电流回路绝缘导线要求：如电流互感器二次回路等所用的导线，一般采用截面不小于 2.5mm² 的绝缘铜导线。

注意：按上述估算选线，仅适用于给设备做接线时使用。因为估算所示的电流密度仅保证导线自身的安全，对于导线末端有多大的电压降、有多大的线路损耗不在考虑之内。

【**10-9**】 **电气设备接地保护线的导线截面估算**

解：（1）电气设备接地保护线截面估算如表 10-5 所示

表 10-5　**电气设备接地保护线截面估算**（表内均为铜线）

相线截面 S/mm^2	10 以下	$16\sim35$	50 以上	备注
地线截面$/\text{mm}^2$	S	16	$S\times\dfrac{1}{2}$	地线截面不能小于铜线 2.5mm^2

（2）特别要求

① 导线材质要求。电气设备接地保护线必须使用绝缘铜导线，铝线不能用作接地线。

② 临时接地线的要求。使用多股软绝缘铜导线，截面不小于 25mm^2。

【**10-10**】 **三相 380V 交流电动机导线暗管敷设要求**

解：（1）试算下列各例

① 设负荷额定电流 33A，要求铜导线暗管敷设，环境温度 35℃。

试算：设采用 6mm^2 的橡胶铜线（如 BX-6）。查表 10-4 可按 10mm^2 绝缘铝线计算其载流量为 $10\times5\dfrac{72}{100}\text{A}=36\text{A}$。

因为负荷额定电流为 33A，36A＞33A，则可以用。

电动机相线的接线可用绝缘铜导线，截面为 6mm^2（如 BX-6），查表 10-5，地线为铜线，其截面为 6mm^2。

② 设负荷额定电流 66A，要求铝线暗管敷设，环境温度 35℃。

试算：设采用 25mm^2 的塑铝导线（如 BLV-25）。查表 10-4，绝缘铝线载流量为 $25\times4\dfrac{72}{100}\text{A}=72\text{A}$。

因为负荷额定电流为 66A，72A＞66A，则可以用。

电动机相线接线可用橡胶铝导线 25mm² （BLV-25），查表 10-5，地线为铜线，截面为 16mm²。

③ 设负荷额定电流为 6A，要求铝线暗管敷设，环境温度 35℃。

试算：设采用 2.5mm² 的铝线 （如 BLV-2.5）。查表 10-4，绝缘铝导线截流量为 $2.5 \times 5 \dfrac{72}{100}A = 9A$。

因为负荷额定电流为 6A，9A＞6A，则可以用。

电动机相线接线可用铝导线 2.5mm² （BLV-2.5），则查表 10-5，地线为 2.5mm² 的铜导线。

（2）电动机额定电流或使用电器设备电流大小的估算　一般情况下，三相交流异步电动机额定电压 380V 的额定容量每 1kW 按 2A 估算。

【10-11】 识别导线与截面积计算

👆**解：**（1）识别导线截面积的大小　国产导线 25mm² 及以下的导线截面有八种规格，即 1、1.5、2.5、4、6、10、16、25（单位均为 mm²）。根据导线直径的粗细识别导线截面积，靠眼看导线的大小，靠手摸导线的粗细感觉、软硬强度；找各种截面导线头，作为自学模拟教具，经常有意进行练习比较，日久天长，功到自然成。

（2）单芯导线截面（S）与直径（D）的换算关系

$$S = \pi \left(\frac{D}{2}\right)^2 = \pi D^2 \times \frac{1}{4}$$

设 D=2，求 S。

$$S = \pi \left(\frac{D}{2}\right)^2$$

$$= 3.14 \times \left(\frac{2}{2}\right)^2$$

$$= 3.14 \ (\text{mm}^2)$$

（3）根据给定的设备功率，按不同的敷设方法估算选择导线截面，可根据导线的载流量用"口诀"估算，其"口诀"是："10 下五，100 上二；25、35，四、三界；70、95，两倍半（这是导线的安全载流密度，即每 1mm² 导线的载流量），"穿管、温度，"八、九折；裸线加一半；铜线升级算（修正系数）。

上述"口诀"适用条件为：绝缘导线、明敷设、环境温度 35℃。在使用时的实际计算方法如下。

① "10 下五"：指 10mm² 及以下铝导线（包括 2.5mm、4mm、6mm、10mm²）每 1mm² 载流量按 5A 估算，如 4mm² 铝线的载流量为 5×4＝20A。

② "100 上二"：指 100mm² 以上铝导线（包括 120mm、150mm、185mm²）每 1mm² 载流量按 2A 估算，如 150mm² 铝导线的载流量为 150×2＝300A。

③ "25、35，四、三界"：指 16mm、25mm² 铝导线，每 1mm² 载流量按 4A 估算；35mm、50mm² 载流量按 3A 估算。

④ "70、95，两倍半"：指 70mm、95mm² 铝导线，每 1mm² 载流量按 2.5A 估算。

⑤ "穿管、温度，八、九折"：导线穿管，暗敷设，环境温度为 35℃时，导线载流量为 72％。

⑥ "裸线加一半"：指相同截面绝缘导线每 1mm² 载流量乘 1.5 倍估算。

⑦ "铜线升级算"：指将绝缘铜导线改用绝缘铝导线时要加大一挡截面；如将 6mm² 绝缘铜导线改用绝缘铝导线时，要选用其 10mm² 绝缘铝导线（根据绝缘导线；BV-6 载流量与 BLV-10 的载流量差不多一样）。

下面举两个例子。

① 设负荷额定电流 66A，要求铝导线穿入暗管，暗敷设，环境温度 35℃。

a. 采用 16mm²（BLV-16），口诀估算为 16×4A＝64A，暗敷设 64A×0.72＝48.08A＜66A，导线载流量小。

b. 采用 25mm²（BLV-25），口诀估算为 25×4A＝100A，暗敷设 100A×0.72＝72A＞66A，故可用。

② 一台三相异步电动机额定功率为 10kW，额定电流为 20A

（每 1kW 按 2A 估算，选导线截面）。用口诀估算。

因 $S = 20 \div 5 = 4$（mm^2，铝导线）

这时选出来的是铝导线 $4mm^2$，可改用铜导线 $4mm^2$ 不用再换算了（估算出来的铝导线有多大截面，就直接使用相同截面的铜导线即可）。

注意：按口诀选线仅适用于给设备做接线时使用，因为口诀所示的电流密度只保证导线自身的安全，至于导线末端有多大的电压降、有多大的线路损耗不在考虑之内。

第11章
解读电动机在运行中的故障处理

Chapter 11

【11-1】 电动机单方向运转电动机能启动， 不能保持

解： 电动机能启动起来，但是，手松开按钮，电动机就停止运转。电动机的原理和实物接线如图 11-1、图 11-2 所示。是交流接触器 KM 的自锁出了问题，KM-13、14 触点接触不良。如果是触点坏了不能用时，可换接到 KM 的 33、34 触点可以了。如实物图 11-2 所示。

【11-2】 电动机单方向运转不能启动

解： 电动机不能启动问题原因很多，要一项一项进行检查处理。

（1）检查电源电压是否正常，如果来电电源电压正常，就要继续往下查，如图 11-1、图 11-2 所示，检查 2FU 保险的熔丝是否熔断，如熔丝熔断，说明控制回路有线路短路或线路接地短路。要用万用表电阻挡，查找控制回路中线路的短路故障点并处理后，再用兆欧表摇测控制回路绝缘电阻合格为止。将 2FU 保险的熔丝换好，送电，如都正常，可以按下 2SB 按钮再次启动电动机。

（2）查电源电压正常，2FU 保险熔丝未熔断，电源电压无问题时，说明控制回路线路有断开点。先查 FR 的 95、96 触点是否动作，用万用表电阻挡测量 FR 的 95、96 触点是否断开（电阻无限大视为断开），可用手按下 FR 的复位按钮，再用万用表测量电阻，电阻为零时，说明 FR 的 95、96 触点已闭合。可以合闸送电启动电动机。

（3）如果查得 FR 的 95、96 触点也无问题，则还是用万用表电阻挡，分别从 1FU 接点，KM 的 13 触点之间，测量电路是否开路，如不开路时，另从 2FU 接点、KM 的 14 触点间，用万用表电阻挡测量电阻，如无电阻时，说明这段线路有断开点。其中最大疑点：KM 线圈是否断线，用万用表电阻挡测得线圈坏了，不能修时，应及时换新的。

（4）KM 交流接触器无问题时，就要细心查找 2FU 与 KM 的 A_2，KM-14 与 1SB 的 ④ 之间的导线和接点。

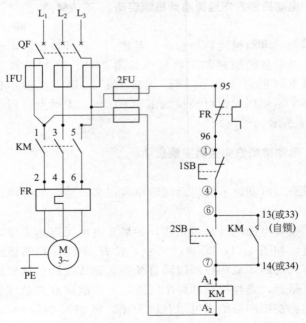

图 11-1　电动机单方向运转原理接线图

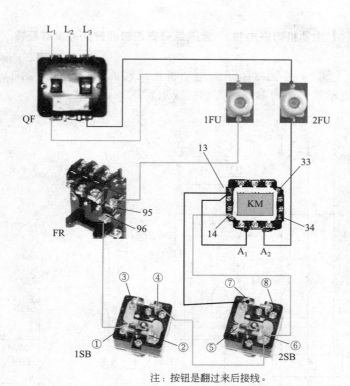

注：按钮是翻过来后接线。

图 11-2 电动机单方向控制回路实物接线示意图

【11-3】 合闸后电动机不转，只听到"嗡、嗡"声，查电源电压无问题

👆解: 合闸送电后电动机不转，是电动机缺相运行或负荷太重。缺相运行，检查 KM 交流接触器主接点接触不良，FR 热继电器接点有烧坏，主回路保险是否有熔断相。上述都无问题时，就要细心查看电动机本身是否有断线、缺相。切记：一切检查工作都应在停电后进行！

【11-4】 电动机可逆电路，合闸后只有正转能开能停没有反转

解： 图 11-3 所示为电动机正反转原理接线图，图 11-4 所示为电动机可逆控制回路实物接线示意图。

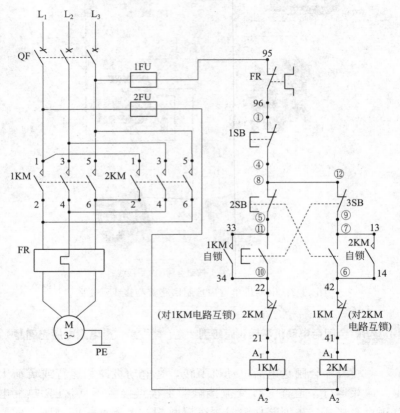

图 11-3 电动机正、反转原理接线图

电动机正转能开、能停，就是不能切换到反转。其原因一般有以下几个。

① 2KM 电路的互锁没有解锁，用万用表检查 1KM 的 41、42 常闭触点，当 1KM 线圈释放后，常闭触点应闭合，如果不闭合，

则触点已烧坏，急于开车时，可将电路的导线换接到 1KM 的 21、22 触点上。在检查过程中注意电路的导线接头是否接牢固。

②　如不是互锁的问题。要检查测量 2SB 的⑥、⑦常开触点在合闸时是否不闭合或接触不良等。还要同时检查 3SB 的⑨、⑫常闭触点是否闭合。

上述都无问题时，那就是 2KM 交流接触器线圈有开路故障，在送电合闸时不能吸合，应更换交流接触器或线圈等。有时 2KM 交流接触器不能吸合，可能是主接点部分有卡住的地方不能动作。如果是，将其打开后再试开车。

【11-5】 电动机可逆电路动作只正转，没有反转

解：　电动机可逆电路开车只有正转，打到反转位置时还是正转，控制电路无问题时。那是电动机主回路的导线接线有错误。从图 11-3 和图 11-4 中不难看出，主回路中 1KM、2KM 在电源侧的接线相序不变，1KM 的触点 1 对应 2KM 的触点 1，1KM 的触点 3 对应 2KM 的触点 3，1KM 的触点 5 对应 2KM 的触点 5 进行连线。而在负荷侧的接线只是中相不变 1KM 的触点 4 对应 2KM 的触点 4，但在两个边要变相，1KM 的触点 2 对应 2KM 的触点 6，1KM 的触点 6 对应 2KM 的触点 2 进行连线。如果在负荷侧 1KM、2KM 没有按上述要求进行连线就是错了。要求进行细心检查。

【11-6】 电动机可逆电路合闸后，启动电动机正转，不能倒反转，不能停机

解：　电动机开车有正转，但不能反转，电动机又不能停止运行时，从图 11-3 和图 11-4 很快可以查到电路中 1KM 交流接触器主接点，闭合时由于电流过大、接点虚接造成接点粘连。或机械故障使交流接触器卡住不能动弹，当 1KM 线圈失电时不能释放，相当于 1KM 的线圈处在无电的吸合状态。必须停电后，查明原因修复或更换交流接触器后再试开车。

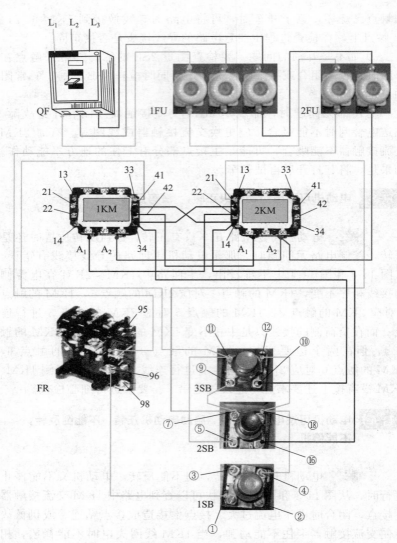

图 11-4　电动机可逆控制回路实物接线示意图

【11-7】 **电动机在运行中突然停止运行**

解： 电动机在运行中突然停止运行，可能原因如下。

① 有可能因外电路电源电压突然降低，造成电气设备自动掉闸。

② 外力因素，如大的振动、人员碰撞等，造成电气设备自动掉闸。

③ 上述两种原因都不是，则要查找电源电压是否正常有电，控制回路保险熔丝是否熔断。如果是控制回路保险熔丝熔断，说明控制回路中有短路故障，要用万用表检查控制回路，查到故障点处理后再进行开车试验。

【11-8】 **电动机送电合闸后，电流不正常，噪声大**

解： 图 11-5 所示为三相笼型异步电动机 Y-△原理接线图，图 11-6 所示为控制回路 Y-△实物接线示意图，由图可知，电动机电路是星形启动，三角形运转的，当电动机送电合闸后，可能是没按要求从星形启动后，再切换到三角形运转。如果长时间运行，电动机出力不足，且超负荷运行会导致发热温度高，有可能烧坏电动机。要求，电动机启动后，按要求及时切换到运行位置，电动机才能正常运行。

【11-9】 **电动机星启动角运行的工作原理**

解： 电动机星启动角运行，其工作原理和操作方法如下。

合上 QF 开关，接通三相电源。

开车：按下 2SB，2SB 的⑩、⑪触点闭合，1KM、3KM 线圈同时得电吸合，1KM 的 13、14 触点闭合自锁，3KM 的 21、22 触点断开，对 2KM 电路进行闭锁，1KM、3KM 的主接点闭合，电动机得电星形启动。启动到正常规定时间时（10～15s，根据负荷轻重启动时间长短有所不同），再按下 3SB，3SB 的⑤、⑧触点断开，3KM 线圈失电释放，3KM 主接点断开。3KM 的 21、22 触点

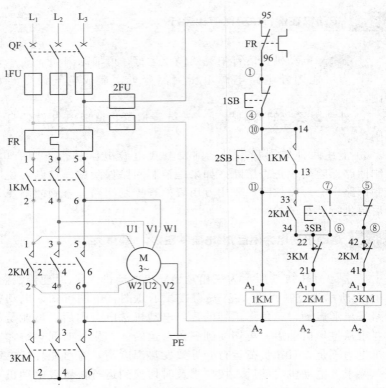

图 11-5　三相笼型异步电动机 Y-△原理接线图

闭合对 2KM 电路的解锁。同时 3SB 的⑥、⑦触点闭合，2KM 线圈得电吸合，2KM 的 33、34 触点闭合自锁，2KM 的 41、42 触点断开 3KM 电路闭锁，2KM 主接点闭合，电动机得电三角形运行。

　　停车：按下 1SB，1SB 的①、④触点断开电源，1KM、2KM 线圈失电都释放，它们的主接点都同时断开，电动机失电停止运行。1KM 的 13、14、2KM 的 33、34 触点同时断开自锁，2KM 的 41、42 触点闭合对 3KM 电路的解锁，电路自动恢复到启动前的待机运行状态。

　　如果不再开车时，可将 QF 开关拉下，断开电源。

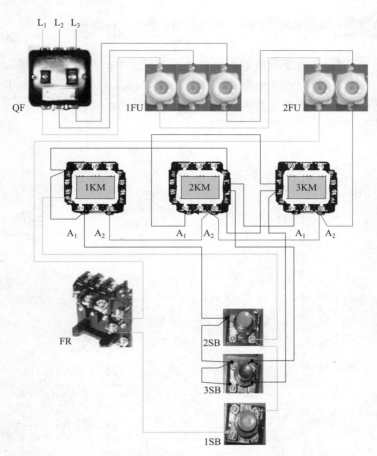

图 11-6　控制回路 Y-△实物接线示意图

【11-10】 **如何将电动机星启动角运行改用自动切换**

解： 要将电动机由星启动角运行不用手定时切换，当然可以，只要在电路中加一个时间继电器即可实现，如图 11-7、图 11-8 所示。

【11-11】 电动机星启动后不能自动切换到角运行怎么办

解: 电动机不能自动切换，那是 KT 时间继电器没有动作（工作），检查时间继电器的线圈，是否有接线不良、断线等，使时间继电器线圈不能得电动作，检查 KT 的 17、18 触点的接线是否牢固，接触是否可靠。

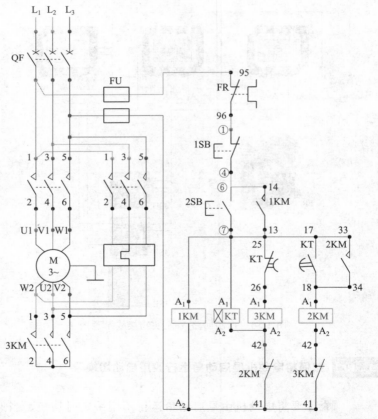

图 11-7 三相交流笼型异步电动机用时间继电器控制 Y-△启动接线原理图

电动机 Y-△启动转换过程如下。

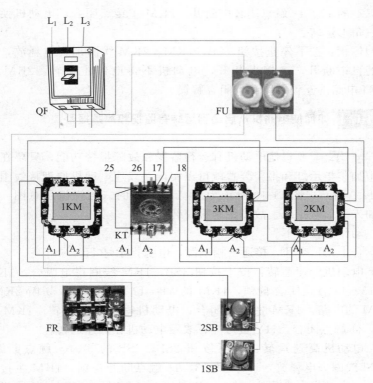

图 11-8　电动机星启动角运行自动切换控制回路实物接线示意图

合上 QF 开关，接通三相电源。

启动：按下启动按钮 2SB，交流接触器 1KM 线圈得电吸合，1KM 的 13、14 触点闭合自锁，1KM 主接点闭合。KT、3KM 线圈在 1KM 线圈得电的同一瞬间得电动作和吸合，3KM 主接点闭合，电动机得电星形启动。3KM 的 41、42 触点断开对 2KM 电路的互锁闭锁。时间继电器 KT 延时动作，KT 的 25、26 触点在设定时间延时断开，3KM 线圈失电释放，3KM 主接点断开。3KM 的 41、42 触点闭合解除对 2KM 电路的互锁。KT 的 17、18 触点在设定时间延时闭合。2KM 线圈得电吸合，2KM 的 33、34 触点闭合自锁。2KM 的 41、42 触点断开，KT 线圈失电停止动作。KT 的 25、26

和 KT 的 17、18 触点闭合或断开。2KM 主接点闭合，电动机换接成三角形运转。

停止：按下停止按钮 1SB，1KM、2KM 线圈都失电释放，各自的自锁断开，主接点断开，电动机不得电停止运转，2KM 对 3KM 电路的互锁常闭触点闭合解锁。

【**11-12**】 **如何使电动机从启动到运转有监视和故障报警**

👆 **解：** 要想使电动机有运行监视和故障报警功能，只要在电路中加装指示灯和报警装置就可以实现。双速电动机原理接线图如图 11-9 所示，图 11-10 所示为 △/YY 变换的三相绕组示意图。图中加入了信号指示、故障跳闸报警装置。

动作过程如下。

合上 QF 空开，接通三相电源，电源指示灯 HG 绿灯亮。

电动机低速运转：按下按钮 3SB，1KM 线圈得电吸合，1KM 的 13、14 触点闭合自锁，1KM 的 41、42 触点断开，切断 2KM、3KM 的电路，1KM 主接点闭合，电动机得电低速运转；1KM 的 33、34 触点闭合，HY 黄灯亮，表示电动机在低速运转。

电动机高速运转：按下按钮 2SB，2SB 的 ⑤、⑧ 触点断开，1KM 线圈失电释放，1KM 的 13、14 触点断开自锁，1KM 主接点断开，电动机失电停止运转，1KM 的 33、34 触点断开，低速指示灯 HY 黄灯灭，1KM 的 41、42 触点闭合，2KM、3KM 电路解锁，2SB 的 ⑥、⑦ 触点闭合，2KM、3KM 线圈同时得电吸合，2KM 的 13、14，3KM 的 13、14 触点同时闭合自锁，2KM 的 41、42，3KM 的 41、42 触点同时断开，切断 1KM 的电路，2KM、3KM 主接点同时闭合，电动机得电高速运转，高速指示灯 HR 红灯亮，表示电动机在高速运转。

电动机停止运转：按下停止按钮 1SB 即可。

如果电动机在运行中，突然发生故障时，由于电流过大，FR 热继电器过流而动作，热继电器 FR 的 95、96 触点断开，电动机控制回路失电，电路交流接触器线圈失电释放，电动机失电停止运转。FR 的 95、98 触点闭合，报警装置得电报警，表示电动机因故障已停止运转。

　　如果，FR 热继电器复位按钮处于"自动复位"状态，5min（分钟）后自动复位。如果热继电器按钮处于"手动复位"状态，3min 后可手动复位。热继电器复位后，FR 的 95、96 触点闭合，FR 的 95、98 触点断开，报警装置失电停止报警。

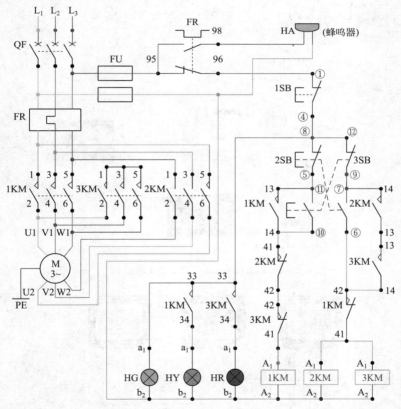

图 11-9　双速电动机原理接线图

　　电动机的主回路实物接线示意图如图 11-11 所示。
　　控制回路实物接线示意图如图 11-12 所示。

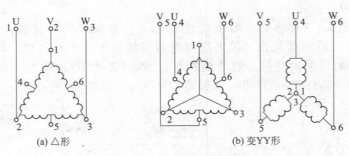

(a) △形   (b) 变YY形

图 11-10 △/YY 变换的三相绕组示意图

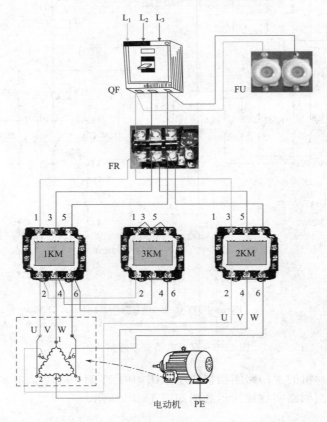

图 11-11 双速电动机主回路实物接线示意图

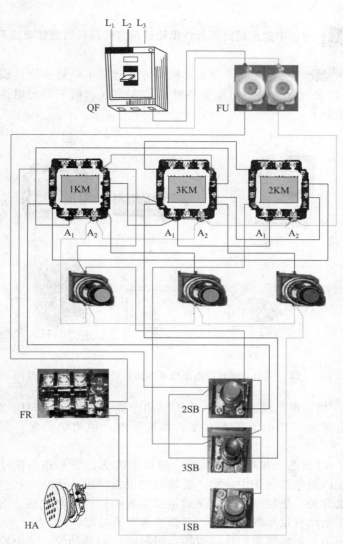

图 11-12　控制回路实物接线示意图

【11-13】 **运行中的三相交流异步电动机单方向运转时突然电流升高**

👆 **解:** 三相交流异步电动机单方向运转主电路实物接线图如图 11-13 所示。电动机电流突然升高已大于电动机的额定电流,处理方法如下。

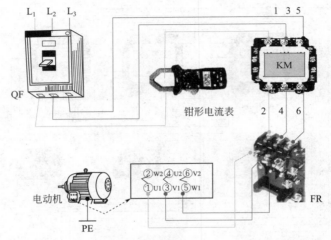

图 11-13 三相交流异步电动机单方向运转主电路实物接线图

① 用钳形电流表测量电动机三相电流是否平衡,同样可检查三相电流表三相电流是否平衡,如果平衡,说明负荷重,要减小负荷。

② 电动机三相电流不平衡,两相电流大,另一相电流小,是因为主回路电源三相中缺相。要将电动机立即停止运行,检查三相电源及开关、热继电器等线路的接线,查明原因及时处理。有时问题出在电动机定子绕组断线,要细心检查或处理。

使用钳形电流表的注意事项:钳形电流表选挡位,其电流量程要大于负荷电流的 1.5 倍;测量电流时,由两人进行,一人监护一人测量。戴绝缘手套、穿绝缘鞋,必须穿电工工作服,戴好工作帽,站在绝缘台上进行测量。根据被测电流的大小选择合适的挡位。在测量中不准换挡位，如要换挡位，应将钳形电流表退出测量后再换；不准测量裸露导线，更不准测量高压线路上的电流；注意防止相间或相对地短路；测量时将钳形电流表端平；暂时不用时，将钳形电流表置于最高电流挡位，存放在仪表箱、柜内。

【11-14】 **电动机启动时"嗡、嗡"响，不能启动**

 解：

① 电源缺相，立即停止启动电动机，查找电源缺相原因，处理好后再启动电动机。

② 电源不缺相，则有可能是负荷重，应减小负荷，能盘车时，将车盘到最佳启动位置后再启动电动机，或者更换较大容量的电动机。

③ 有少数电动机是因"扫膛"而使定子与转子卡住不能转动，电动机立即停止运行，停电对电动机进行解体检修。

④ 电动机的定子或转子绕组断线，电流减小，启动转矩降低，立即停止运行，停电检查修理。

【11-15】 **电动机在运行中温度突然升高**

 解：

原因有下述两个。

① 可能电动机缺相运行。

② 转子与定子之间产生"扫膛"等。

处理方法是立即停止电动机的运行。

【11-16】 **运行中的电动机突然发生大振动**

 解：

① 电动机轴变形。

② 电动机的轴承坏了。

③ 电动机轴与机械设备连接靠背轮的中心线不在同一个水平线上。

处理方法是，电动机立即停止运行，查找问题，进行检修。

【11-17】 运行中的电动机内部突然冒烟并有火花冒出

解： 电动机转子与定子之间严重"扫膛"。处理方法是立即停止运行，进行大修。

【11-18】 电动机电流不稳、 声音大、 转速降低

解： 原因是绕线式电动机转子线圈断线；异步电动机转子焊条开焊。处理方法是，电动机立即停止运行，将电动机的转子抽出进行连线或焊接工作。

【11-19】 运行中的电动机允许温度应该多高

解： 电动机各部分允许温升和最高允许温度，是根据电动机绝缘等级和类型而定的。环境温度为 40℃ 时三相异步电动机最高允许温度如表 11-1 所示。

表 11-1 环境温度为 40℃ 时三相电动机最高允许温度　　　℃

电动机部位		A级绝缘				E级绝缘				B级绝缘				F级绝缘				H级绝缘			
		最高允许温度		最高允许温升		最高允许温度		最高允许温升		最高允许温度		最高允许温升		最高允许温度		最高允许温升		最高允许温度		最高允许温升	
		温度计法	电阻法	温度计法	电阻法	温度计法	电阻法	温度计法	电阻法	温度计法	电阻法	温度计法	电阻法	温度计法	电阻法	温度计法	电阻法	温度计法	电阻法	温度计法	电阻法
定子线圈		95	100	55	60	105	115	65	75	110	120	70	80	125	140	85	100	145	165	102	125
转子线圈	绕线式	95	100	55	60	105	115	65	75	110	120	70	80	125	140	85	100	145	165	105	125
	笼型	—	—	—	—	—	—	—	—	—	—	—	—	—	—	—	—	—	—	—	—

续表

电动机部位	A 级绝缘				E 级绝缘				B 级绝缘				F 级绝缘				H 级绝缘			
	最高允许温度		最高允许温升		最高允许温度		最高允许温升		最高允许温度		最高允许温升		最高允许温度		最高允许温升		最高允许温度		最高允许温升	
	温度计法	电阻法	温度计法	电阻法	温度计法	电阻法	温度计法	电阻法	温度计法	电阻法	温度计法	电阻法	温度计法	电阻法	温度计法	电阻法	温度计法	电阻法	温度计法	电阻法
定子铁芯	100	—	60	—	115	—	75	—	120	—	80	—	140	—	100	—	165	—	125	—
滑环	100	—	60	—	110	—	70	—	120	—	80	—	130	—	90	—	140	—	100	—
滑动轴承	80	—	40	—	80	—	40	—	80	—	40	—	80	—	40	—	80	—	40	—
滚动轴承	95	—	55	—	95	—	55	—	95	—	55	—	95	—	55	—	95	—	55	—

测量电动机各部温度的方法有以下两种。

（1）温度计法　可用酒精温度计测量，将温度计插入电动机吊装螺栓孔内进行，将所测得温度数再加上 10℃ 就是电动机绕组的温度，再将电动机绕组的温度减去环境温度就是电动机的温升。

（2）电阻法　根据导线温度升高使导线电阻增加的原理，用来测量电动机温升的方法称为电阻法。采用电阻法时，先要在电动机绕组冷却情况下，用电桥测出电动机绕组冷态直流电阻 R_1 的数值，然后在电动机运行后用电桥测出电动机绕组热态直流电阻 R_2 的数值。代入公式算出绕组平均温升为

$$T_2 = \frac{R_2 - R_1}{R_1}(T_1 + K)$$

式中　T_2——绕组温升，℃；

　　　　T_1——环境温度，℃；

　　　　K——温度系数，铜线为 235℃；铝线为 228℃。

在电动机的平均温升数值上再加上 5 的修正系数，就是电动机绕组最热点的温升数值。

【11-20】 **有机械通风冷却的三相电动机，经常受潮**

解： 有机械通风冷却的电动机一旦停止运行后，应立即停止冷却通风装置，防止冷却空气进入室内增加湿度，使电动机增加受潮的机会。

【11-21】 **三相异步电动机定子绕组的始端和末端没有标注**

解： 测定电动机绕组始末端的方法有很多种，常用的有以下两个。

（1）直流法 先找出每相绕组的两端，如图 11-14 所示。用电池的负极导线分别碰触 5、6 导线端，如接在导线 1、4 两端的电压表指针偏转方向一致，则认为 5、6 端子极性一致。然后将电压表一端由 4 改接到 5 端子，同样用电池负极端导线分别碰触 4、6 导线端，若电压表指针偏转方向同前，则认为 4、5、6 或 1、2、3 端子同极性（同为始末端）。

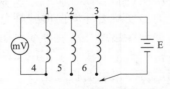

图 11-14 直流法测量三相电动机绕组始末端

（2）交流法 如图 11-15 所示，也是先找出每相绕组的两端，然后串联任意两相绕组，假设，第 1、2 两相，在其两端加入交流电压，电压可根据电动机容量的大小选用，如 36V、24V、12V。用交流电压表测量第 3 相绕组电压，如果第 1 相和第 2 相是首尾相接，则电压表有电压指示，如果第 1 相和第 2 相是尾、尾或首、首相接，则电压表指示为零。第 1、2 两相首、尾端辨别清楚后，可将 1、3 两相串联，用同样方法查找第 3 相。

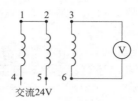

图 11-15　交流法测量三相电动机绕组始末端

【11-22】 三相异步电动机反转

解： 从异步电动机的工作原理得知，异步电动机的旋转方向是和定子旋转磁场的旋转方向一致的。电动机定子旋转磁场方向则取决于定子线圈中电流的相序。因此，只要将电源接到电动机定子绕组的三根引线中的任意两根线对调一下，就可改变电动机定子旋转磁场的旋转方向，因而也就改变了异步电动机的旋转方向。

【11-23】 查电源电路启动设备无问题， 绕线式电动机不转动

解： 可能是绕线式电动机转子绕组开路了。因绕线式电动机的定子三相绕组通入三相交流电时，定子与转子的气隙产生旋转磁场，磁场切割转子导体产生感应电动势。如果转子线圈开路，在转子回路中就不能产生感应电流，也就不会产生电磁力矩，所以电动机转子不可能转动。处理方法，电动机退出运行进行检修，将转子绕组线圈连接好。

【11-24】 绕线式电动机启动和停止运行没有说明书怎么办

解： 绕线式电动机没有启动和停止操作的说明书时，可按以下说明进行操作。

① 绕线式电动机启动前，将启动变阻器接入转子回路中。

② 对有电刷提升机构的电动机，应将电刷放下，并断开短路装置，然后合上定子绕组电源的断路器。扳动变阻器手柄，可根据电动机转速上升程度，慢慢从启动位置扳到运转位置。当电动机达

到额定转速时，提起电刷，合上短路装置，这时启动变阻器回到原来启动位置，电动机启动完毕。

③ 绕线式电动机在启动过程中，要注意滑环的接触面是否光滑、与电刷接触是否良好，还要注意启动电阻器和滑环短接机构的状态。

④ 绕线式电动机在停止运行时，先断开定子绕组电源的断路器，然后再将电刷提升机构扳到启动位置，断开短路装置。

【11-25】 怎样检查电动机的绝缘电阻

👆 **解：** 电动机检查绝缘电阻，可用兆欧表测量电动机的绝缘电阻。兆欧表外形如图 11-16 所示，兆欧表俗称绝缘摇表、麦格表，主要用来测量电气设备的绝缘电阻，如电动机、电器线路的绝缘电阻，判断设备或线路有无漏电现象、绝缘损坏或短路。

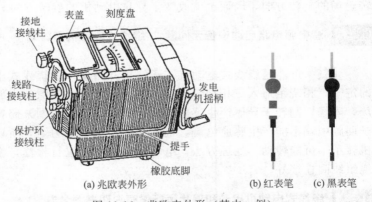

图 11-16　兆欧表外形（其中一例）

新装的电动机根据规程规定选用 1000V 兆欧表。运行中的电动机，选用 500V 兆欧表。根据不同设备的额定电压，选兆欧表的适用范围见表 11-2。

表 11-2　不同额定电压选兆欧表适用范围

被测对象	被测设备额定电压/V	选兆欧表额定电压/V
线圈绝缘电阻	＜500	500
	＞500	1000
发电机绕组绝缘电阻	＜500	1000
电动机、发电机、绝缘电阻	＞500	1000～2500
电气设备绝缘电阻	＜500	500～1000
	＞500	2500
绝缘子、隔离开关、母线绝缘电阻		2500～5000

使用前进行以下检查。

① 外观检查。表壳完好无损，摇动兆欧表时表针能自由摆动；接线端子齐全完好。专用表笔线完好无损。

② 开路试验（图 11-17）。在兆欧表的"E""L"端子上分别接一条表笔线，将这两条表笔线分开，置于绝缘物上，将表放平稳，摇动摇把将兆欧表摇到 120r/min，指针稳定指在"∞"为合格。

③ 短路试验（图 11-18）。开路试验做完后，再将两条表笔线短路连接好，摇动兆欧表摇把（由慢到快）到 120r/min，表针稳定指在"0"为合格。

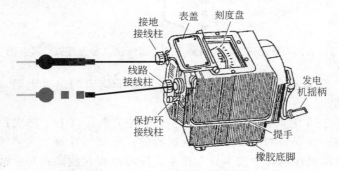

图 11-17　兆欧表进行开路试验

实例——使用兆欧表测量电动机绝缘电阻

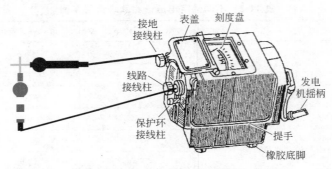

图 11-18　兆欧表进行短路试验

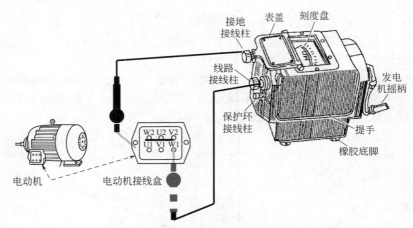

图 11-19　电动机进行相对地绝缘电阻测试（实为外壳）示意图

①　测量项目。笼型电动机，测量定子绕组的绝缘电阻（相对地及相间）。

②　测量时间。电动机停止运行时间三个月以上，再次投入运行之前；新安装的电动机，投入运行前；电动机在每次大修或小修后；电动机在运行中发生异常现象或故障时查找故障；每次故障修复后再次投入运行前，均应进行绝缘电阻的测量。

③　测量前的准备。将电动机退出运行（大电动机在退出运行后应放电），做好安全技术措施（停电、验电、放电、无电立即挂

地线、挂相应标示牌等）。拆除电动机接线盒内的原接线。

④ 电动机测量绝缘电阻

a. 测量相对地绝缘电阻。将兆欧表"E"端子的表笔线一端接电动机的外壳（或电动机接线盒内的接地端子），将"L"端子的表笔线提起悬空等待（戴绝缘手套），摇动兆欧表摇把到 120r/min 时，再把"L"端子的表笔线搭接电动机绕组任意接线端子（电动机接线盒内的原有连接片不拆），等到仪表指针稳定不动时（60s），读取读数并记录电阻值（并记录当时的电动机温度）。先拆除表笔线，后停止摇动兆欧表（先撤表笔、后停摇表），立即将电动机对地放电（测后放电）。测量中的接线如图 11-19 所示。

b. 测量相间绝缘电阻。电动机对地绝缘电阻测试后放电（测前放电），拆去接线盒上 W2、U2、V2 原有连接片，使 U1、V1、W1 绕组分开。如果测量 U1、V1 两相的相间绝缘电阻，则将表笔线的"E"端子线接 U1 相绕组，"L"端子线提起悬空等待，摇动兆欧表摇把到 120r/min 时，再将表笔线的"L"端子线与 V1、W1 绕组的一端搭接，等仪表指针稳定后，读取读数并记录电阻值。先拆除表笔线，后停止摇动兆欧表，立即将电动机放电，并记录当时的电动机温度。再用同样方法测量 V1、W1 绕组相间的绝缘电阻（大电动机，每次测量后均应放电，小电动机可以不放电）。测量中的接线如图 11-20 所示。

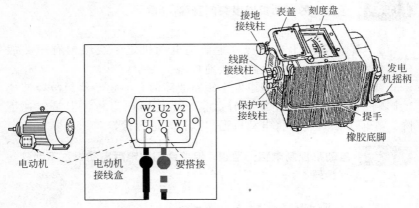

图 11-20　电动机测量相间绝缘电阻示意图

⑤ 判断。电动机对地、相间绝缘电阻的合格值如下。

a. 新安装的电动机：绝缘电阻值不小于 $1M\Omega$。

b. 运行中的电动机：电动机在热状态（75℃）的条件下，绝缘电阻不小于 $1M\Omega$；最低绝缘电阻值不小于 $0.5M\Omega$。

⑥ 测试过程中安全注意事项

a. 正确选择兆欧表并做充分检查试验。

b. 对于大型电动机，在退出运行后应立即放电，且测量前、后均应放电。

c. 测试时与带电体保持安全距离，必要时设监护人。

d. 人体不得接触被测体或兆欧表表线裸露端。

e. 防止无关人员靠近被测体。

f. 测试合格后，将电动机接线端子连接片恢复原状，恢复接线，盖好盖。全面检查无误后，再将安全措施撤除，使电动机重新恢复到运行状态。

【11-26】 电动机功率因数降低

解： 电动机的功率因数降低，是因为电动机处于低负荷情况下运行，效率低，运行不经济，造成"大马拉小车"的现象。处理方法，更换容量较小的电动机。

【11-27】 运行中的电动机温度突然升高、冒烟

解： 产生上述情况，主要是电动机定子绕组内有短路故障，如相间短路、匝间短路和接地短路。

绕线式电动机转子绕组发生短路故障时，与定子绕组故障造成的影响基本相同。在空载或轻载情况下还可以运行，但是转速下降。处理方法是立即将电动机退出运行，进行检修。

【11-28】 电动机控制电路无问题，但是合闸送电后电动机达不到额定转速

解： 故障原因及处理方法如下。

① 因为电动机的转矩与电压平方成正比，可能是电源电压过低。处理方法：减小负荷，提高电源电压等。

② 笼型电动机转子断条、绕线式电动机转子一相断路或接触不良。处理方法：立即退出运行，进行检修。

③ 电动机负载过大，启动困难。处理方法：减小负载。

④ 电动机转子与定子铁芯相摩擦（相当于增加了负载）。处理方法：将电动机退出运行，进行检修。

【11-29】 电动机的定子绕组的匝间或相间短路，如何查找

解： 上述故障可用兆欧表或万用表检查电动机两相绕组间的绝缘电阻；用电流平衡法检查电动机三相绕组电流大的相为短路相，也可用短路侦察器检查电动机绕组匝间是否短路。

【11-30】 电动机在运行中电流不平衡

解： 其原因和处理方法如下。

① 电源电压三相不平衡造成电动机三相电流不平衡。处理方法：调整三相电压使之平衡。

② 电动机相间或匝间短路或一相断路造成电动机三相电流不平衡。处理方法：立即将电动机退出运行，进行检修。

③ 启动器接触不良，使电动机线圈局部断路，造成电动机三相电流不平衡。处理方法：将电动机退出运行后，断开电源开关，检修启动器。

【11-31】 如何判断异步电动机转子是否断条

解：

（1）判断电动机转子是否断条

① 带负荷运行时，三相电流表指针周期性摆动。

② 启动转矩降低，若停止运行后再次送电，电动机转子左右摆动，不能运转。

③ 满载时电动机的转速降低，转子过热，温升增加；机身剧

烈振动，并有较大杂音。

④ 启动有时从通风道内飞出火星。

（2）查找故障点　先将电动机停止运行再进行检查。检查方法：用调压器将三相 380V 电压降到 100V 左右，接入定子绕组，并在定子绕组中接一只电流表，再用手慢慢转动转子，如果转子有断条，则电流会突然下降。这时将电源开关断开，切断电源后再将电动机转子取出来，一般会发现断条处有明显的烧黑的痕迹，但是，断条不严重时，转子的外表也可能没有什么变化，这就要使用断条侦察器来判断断条的位置。

【11-32】 电动机绝缘能力降低

👆**解：** 电动机绝缘能力降低的原因和处理方法如下。

① 电动机绕组受潮。处理方法：进行烘干处理。

② 绕组上灰尘及碳化物质太多。处理方法：清除。

③ 引出线和接线盒内绝缘不良。处理方法：重新包扎。

④ 电动机绕组过热绝缘老化。处理方法：重新浸漆或重新绕制。

【11-33】 三相异步电动机用星角启动器启动，当其转速接近正常，在倒向运转位置时，熔丝突然熔断

👆**解：** 有些三相异步电动机铭牌上有"380V/220V、Y/△"字样，它是表示电源电压为 380V 时要接成星形，电源电压为 220V 时，要接成三角形。但电动机用星角启动，电源电压是 380V，在倒向运转位置时，接成三角形，电动机每相绕组承受电压为设计电压值的 $\sqrt{3}$ 倍，导致电动机铁芯严重发热，定子绕组电流过大，使电动机熔丝熔断，还有可能烧毁电动机。电源电压为 380V 时，不能采用星角启动器启动这种电动机。

【11-34】 如何巡视检查高压电动机

👆**解：** 对高压电动机的巡视检查，除了要检查电动机温升、声响、电压、电流、振动、润滑及启动情况外，还要做下列检查。

① 检查断路器的工作情况，断路器的接触虚实，触头是否过热，声响是否正常等。若为油断路器，还应检查油筒、油面及有无渗油、漏油等，并要在动作一定次数后，做三相同期接触试验。

② 检查操作机构有否误动，并定期做传动试验。

③ 保护装置动作是否正确，要定期校验过流继电器。

④ 检查合闸电源是否正常、可靠。

⑤ 电动机检修或试验等。

【11-35】 不了解电动机的基本结构分解示意图

解： 三相异步电动机的结构分解示意图如图 11-21 所示。

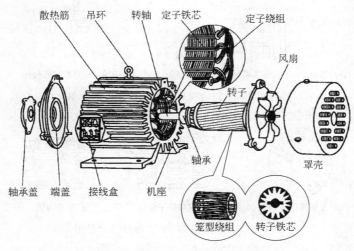

图 11-21　三相异步电动机的结构分解示意图

三相绕线式转子结构分解示意图如图 11-22 所示。

三相笼型转子结构分解示意图如图 11-23 所示。

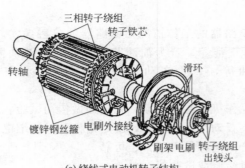

(a) 绕线式电动机转子结构

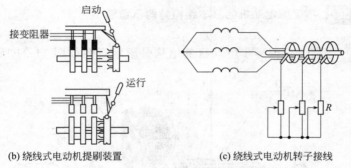

(b) 绕线式电动机提刷装置   (c) 绕线式电动机转子接线

图 11-22 三相绕线式转子结构分解示意图

(a) 笼型转子硅钢片   (b) 笼型转子绕组   (c) 笼型铸铝转子

图 11-23 三相笼型转子结构分解示意图

【11-36】 电动机的大、小修项目的内容

 解:

（1）电动机的小修项目

　① 清除电动机的内部和外部的灰尘和油垢。

　② 清洗检查电动机的轴承和补充轴承油。

　③ 检查和清洗油环，调整或更换电刷。

　④ 检查处理电动机外壳接地线并紧固各连接螺栓。

　⑤ 测量电动机的定子、转子线圈及电缆线路的绝缘电阻。

　⑥ 检查和清扫高压电动机的附属设备和低压电动机的断路器、线路、熔断器等。

　⑦ 检查清洗通风系统冷却器。

　（2）电动机的大修项目

电动机的大修除小修项目外，还包括解体检修。

　① 更换损坏的轴承、电刷，调整弹簧压力；检修滑环或换向器。

　② 更换局部或全部烧坏的线圈；检查空气隙是否均匀；紧固铁芯，清扫检查励磁装置，必要时更换轴承油。

　③ 二次回路检查、调整、试验。

　④ 检查、找平电动机机座基础及对电动机进行防腐喷漆。

【11-37】　**电动机的大、小修周期是多长**

解： 电动机的小修一般每年应进行 2～3 次；大修是每年 1 次。

【11-38】　**电动机定子线圈重新绕组后，不会判断接线是否正确怎么办**

解： 电动机重新绕制定子绕组在嵌入线圈后，假如某一线圈或极、相、组的接线有错误，特别是对于大容量的电动机，若直接通电试车，往往会因电流过大造成绕组再次烧坏。为了避免事故的发生，一般都用硅钢片剪成一个圆，硅钢片中间钻一个孔，套在一根铜丝上作为转子，如图 11-24 所示。当定子绕组加上 30%～50% 的电动机额定电压后，硅钢片在电动机定子绕组中立即转动，则说明电动机绕组接线正确。若极、相、组接线有错误，硅钢片转动不正常。将硅钢片沿定子表面（电动机定子内圆表面）中心放置时，无论是极、相、组还是某一线圈接线有错误，硅钢片均不旋转。这样就能及时发现电动机绕组接线正确与否，便于及时排除。检查方法有很多种，这是其中最简单实用的一种。

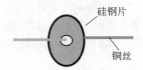

图 11-24　判断电动机定子绕组接线正确与否简易装置

【11-39】 电动机绕组浸漆后应该怎么办

解： 电动机绕组浸漆后，必须进行烘干，一般要求电动机绕组烘干后，对地绝缘电阻值在 5MΩ 以上，烘干才能结束。烘干有以下几种方法。

① 灯泡干燥法：用红外线灯泡直接照射电动机绕组，改变灯泡瓦数即可改变干燥温度。

② 采用循环热风干燥室进行烘干。

③ 电流干燥法，如图 11-25 所示。

图 11-25 （a）所示接线法适合大、中型电动机干燥。

图 11-25 （b）所示接线法适合小型电动机干燥。

图 11-25 （c）所示接线法适合小型电动机干燥。

采有电流干燥法时，必须用 220V 变阻器调节电流的大小，电流的大小控制在电动机额定电流的 60% 左右。用电流加热干燥，转子最好不要放在定子内，以免阻碍潮气排出。

被水浸湿的电动机不能用电流干燥法来干燥。

④ 远红外线烘烤法。烘干过程一般分两步进行。对 A 绝缘或 E 绝缘烘烤的温度是不一样的。

a. A 绝缘烘烤时：第一步，温度控制在 70～80℃，烘 2～4h；第二步，温度控制在 110～120℃，烘 8～16h。

b. E 绝缘烘烤时：第一步，温度控制在 80～90℃，烘 2～4h；第二步，温度控制在 120～130℃，烘 8～16h。转子尽可能竖直

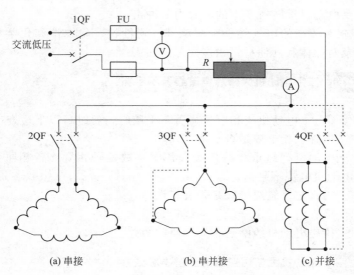

图 11-25　电流干燥法电动机定子绕组接线图

烘烤。

　　注意：转子不要放在定子中烘烤。

　　在烘干过程中，要求每隔 1h 用兆欧表测量一次绕组对地的绝缘电阻，开始时绝缘电阻下降，然后上升，最后在 3h 内稳定。一般要求对地绝缘电阻值在 5MΩ 以上，烘烤才能结束。

【11-40】 **电动机大修后的绕组对绝缘漆有什么要求**

　　解： 电动机在大修后，要对绕组进行浸漆，浸漆后的绕组可以填充其绕组内的间隙和空气层以加强绝缘。浸漆固化后能够在浸漆绕组内及表面形成平整的漆膜，使绕组结成一个整体，提高绕组耐潮、耐热、电气强度和机械强度等性能，并且进一步提高绝缘能力。所以对绝缘漆有以下特殊的要求。

　　① 绝缘漆的固体含量要高，黏度适中，便于浸透和填充绕组间隙及微孔。

　　② 要求表层固化快、干燥性好、黏结力强、有弹性。固化后

能经受电动机运转所产生的离心力的冲击。

③ 有较高的电气性能、耐潮性、耐油性、耐蚀性和化学稳定性以及对导体和其他材料相容性等。

【11-41】 三相电动机大修后电流显著不平衡

解： 电动机三相电流显著不平衡时，要进行以下检查。

① 检查三相电源是否平衡。

② 电动机绕组重绕后，检查各相匝数是否相等，各相匝数不等时电动机电流不平衡。

③ 检查定子绕组接线是否有错误。

④ 检查电动机定子绕组的线径是否大小不一。

⑤ 检查电动机线圈是否局部匝间短路。

【11-42】 电动机大修后空载电流过小怎么办

解： 电动机的空载电流一般应为额定电流的 $20\% \sim 50\%$，修复后电动机空载电流过小时要查明原因。

① 查明修复后的电动机定子绕组所选用的线径是否太细，要选用与原绕组规格相同的线径。

② 检查电动机定子绕组的接线是否接错，将三角形接线误接成星形接线。

③ 检查电动机定子绕组内部接线是否有错误，如两个并联线圈误接成串联，如是这样每相绕组匝数增加 1 倍，使空载电流下降为原来的 $1/6 \sim 1/4$，设原来电流为 6A 的空载电流，错接后只有 $1 \sim 1.5A$，同时电动机输出的功率也减少了 $1/2$。

【11-43】 电动机大修以后要做哪些试验

解： 电动机在大修以后必须做下列试验。

（1）测量电动机的绝缘电阻及吸收比　绝缘电阻与吸收比：定子绕组在 75℃，低压电动机不低于 $1M\Omega$，高压电动机每 1000V 不低于 $1M\Omega$，高压电动机测量吸收比为 $R_{60s}/R_{15s} \geqslant 1.3$。

（2）测量电动机绕组直流耐压试验　各相间与最初测得值在相同温度下进行比较，其误差不超过 2%。

（3）测量电动机绕组交流耐压试验　这项试验要在绝缘电阻及吸收比全部合格的情况下进行。绕组对机壳的交流耐压试验时间为 1min。电动机绕组试验电压如表 11-3 所示。

表 11-3　电动机绕组试验电压

额定电压/kV	0.4 以下	0.5	2	3	6	10
试验电压/kV	1	1.5	4	5	10	16

① 电动机绕组线圈全部更换的，试验电压要执行下列标准：
容量在 1kW 及以下，$2U_e+1000V$；
容量在 $1\sim3kW$，$2U_e+2000V$；
容量在 3kW 以上，$2U_e+2500V$。
U_e 为电动机的额定电压，V。

（4）电动机空载试验　空载试验时间不少于 1h，试验所测得的三相线电压和三相线电流与以前所测得的数值相比，相差不应超过 ±5%。

（5）电动机定、转子之间的气隙测定　气隙与气隙的平均值之差应不大于平均值的 ±5%。

第 12 章
解读单相电动机的故障处理

Chapter 12

【12-1】 **单相电动机通电后不转**

解： 单相电动机通电不转要作下列检查。

① 检查电源电压是否正常。

② 检查电源线是否接触不良或根本就接触不上。如是，将线接好。

③ 检查电容器是否接点开线或损坏，如已坏更换新的。

④ 检查送电的开关是否是好的，可用万用表电阻挡测量开关的通断情况，判断开关是否是好的。开关坏了，如不能再修理应换新的。

⑤ 如果是电动机已烧坏，能闻到一股绝缘漆被烧焦的臭味，用兆欧表摇测其绝缘电阻低或零值，则电动机应进行大修。

⑥ 检查电动机的绕组接线是否开线等。

【12-2】 **单相电动机大修重新接线后旋转方向改变**

解： 单相电动机只要改变绕组电源线进线和电容器的连接形式就可以改变旋转方向，如图 12-1 所示。

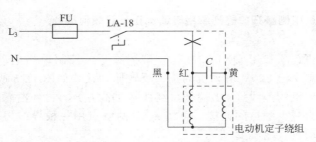

图 12-1　改变单相电动机的转向原理接线图

【12-3】吸尘器拆开清扫灰尘后再装上不吸尘反而吹尘了

解： 吸尘器不吸尘反而吹尘，检查吸尘器的风扇叶是否装反，装反时向外排风，将风扇拆下重装就可以了。

【12-4】单相电动机的三根引线如何接电源线

解： 单相电动机有三根引线，一般容易当作三相电动机接线，如图 12-2 所示。这三根引线分别为黑、红、黄，从外表看就像三相电动机三相绕组接线端子的引线，其实它是单相电动机绕组接线端子的引线，黑线为零线端子，应该接零线，黄线接相线，红与黄两线之间接电容器。如果三根引线无标记时，可用万用表的电阻挡测量绕组的电阻进行比较，电阻小的相接零线，电阻大的两相之间接电容器，在其两相中的某相接相线。旋转方向不对时，从该相改接到另一相，电动机旋转方向就可变过来。

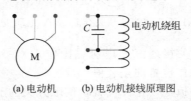

(a) 电动机　　　(b) 电动机接线原理图

图 12-2　交流单相电动机原理接线图

【12-5】 用倒顺开关控制单相电动机正反转如何接线

👆**解:** 常用 QX1-13N/4.5 型倒顺开关控制单相电动机正反转，控制交流 220V 电动机的正、反转原理接线如图 12-3 所示。

电动机的黑线接 D1 端子，红线接 D2 端子，黄（白）线接 D3 端子。为减少触点的连接，可将 a、b 两触点用一根导线短接起来，但是电动机接线不变。

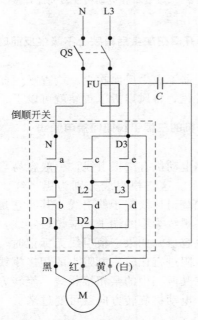

图 12-3　用 QX1-13N1/4.5 型倒顺开关交流 220V 电动机正、反转原理接线图

先合上 QS 开关接通三相电源。操作 QX1-13N/4.5 型倒顺开关，开关有三个动作位置即正、停、反。

正转：将手柄扳至"正"位置，倒顺开关的触点 a、b、c、f 闭

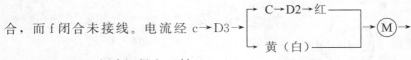

合，而 f 闭合未接线。电流经 c→D3→ 黑→D1→b→a 电动机得电正转。

反转：将手柄扳至"反"位置，倒顺开关的触点 a、b、d、e

闭合，e 闭合未接线，电流经 d→D2→

M →黑→D1→b→a 电动机得电反转。

停止：将手柄扳至"停"的位置时，开关的两组动触片都不与静触片接触，电路不通，电动机不得电停止运转。

使用倒顺开关的注意事项如下。

① 倒顺开关正常操作频率为 200 次/h，应根据实际情况降低负荷容量使用。水平或垂直安装，其倾斜度不得大于 30°，不能倒装。

② 铜导线连接不小于 4mm²，PE 为多股软铜线 4mm²。

③ 接线前将开关接点除去灰尘，擦拭干净。接线后检查接线及接点应接触良好。

④ 运行中的电动机处在正转状态时，如需要使它反转，必须先将手柄扳至"停"位置，然后再扳至"反"位置。

⑤ 必须装设短路保护。

【12-6】 电动吹风机的 4 个接线端子如何接线

解： 一定要注意电动机接线端子的不同连接方式。

① 单相电吹风机引出四个接线端子，连接时只要改变连接方法，就改变输入电压等级。图 12-4 所示为单相电吹风机接线端子连接图。接线时应注意，使用不同电压等级时，采用相适应的连接方式。并联接法应接入 110V 交流电压。串联接法应接入 220V 交流电压。

② 部分三相交流电吹风机引出六个接线端子，其连接图如图 12-5 所示。

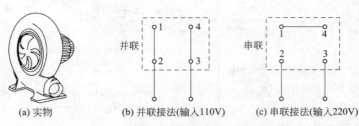

(a) 实物 (b) 并联接法(输入110V) (c) 串联接法(输入220V)

图 12-4 单相电吹风机接线端子连接图

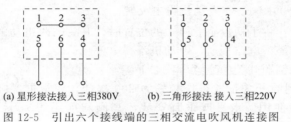

(a) 星形接法接入三相380V (b) 三角形接法 接入三相220V

图 12-5 引出六个接线端的三相交流电吹风机连接图

交流 220V 电动机根据接线端子标号，正、反转接线原理如图 12-6 所示。

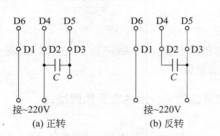

接~220V 接~220V

(a) 正转 (b) 反转

图 12-6 改变单相电动机旋转方向原理接线图

第 13 章
解读变压器运行中的常见问题

Chapter 13

【13-1】 运行中的油浸式变压器油的温度不断升高

解：

油浸式变压器在运行中的最高温度为 85℃。如果因负荷的增加而使变压器的温度超过 85℃ 并接近极限温度 95℃ 时，变压器必须往下减用电负荷，以防止发生事故。

油浸式变压器在环境温度、负荷电流都不变的情况下温度不断上升，是因为变压器内部的原因导致的，可做如下处理。

① 取变压器的绝缘油样进行化验，如果发现油的绝缘和质量变坏，或者瓦斯保护动作，可以认为是变压器内部有短路故障。经查证属于变压器内部故障时，必须立即转移用电负荷，将变压器立即停止运行待进行大修。

② 如果轻瓦斯频繁动作，取变压器油样进行化验分析；也可以用直流电桥测量变压器高压绕组的直流电阻来判断故障。检查结果是分接开关接触不良时，将变压器吊芯修理变压器分接开关。

③ 变压器温度升高、瓦斯频繁动作、变压器油闪点下降等现象，可能是变压器铁芯硅钢片间绝缘损坏。立即将变压器停止运行，变压器进行吊芯检查，若铁芯穿心螺栓的套管绝缘老化损坏，及时处理。

【13-2】 如何判断变压器运行中的安全温度

解： 已知运行中的变压器绕组温度为：小于等于 95℃，而变压器绕组温度与负载大小和环境温度紧密相关。变压器的温度减去环境温度的差值称为变压器的温升值。对于 A 级绝缘的变压器，当环境温度为 40℃，国家的标准规定其绕组温升值为 65℃，上层油温的允许温升值为 45℃。变压器上层允许油温＝允许温升 45℃＋40℃＝95℃，因此，上层油温及温升值均不超过允许值，变压器可安全运行。

【13-3】 如何判断运行中的变压器油的质量

解： 判断变压器油质量，可进行"一闻二看"。

（1）一闻 烧焦味，是油干燥过热；酸味是油严重老化；乙炔味是油内产生过电弧；其他味有可能是随容器产生的。闻到一股酸味时，说明变压器油已严重老化，不能再继续使用，立即将变压器停止运行，进行大修换油等。

（2）二看

① 看颜色。新油一般为浅黄色，一经氧化后，颜色变深。如果油颜色迅速变暗，说明变压器油质在变坏。

② 看透明度。新油是透明带紫色荧光，否则，会带有机械杂质和游离碳。

【13-4】 变压器缺相运行

解： 发现变压器缺相运行时，立即将用电负荷全部拉闸停电，再停止变压器运行。查明原因，必要时对变压器进行摇测绝缘电阻，测量绕组直流电阻。未发现异常时，将缺相修复后，再将变压器试投入运行，试运行期间不能带负荷。要经常检查运行中变压器的运行情况，发现问题及时处理。在试运行中一切正常后方可逐渐投入负荷运行，并继续监视变压器的运行情况。

【13-5】 **运行中变压器温度偏高，电源电压、电流正常不超载**

解： 如果变压器室的通风系统良好时，首先检查变压器的油位、散热系统是否正常。变压器的散热管用手触摸时，如有的热有的凉，说明散热管有堵塞，散热不好造成变压器温度偏高。将变压器用电负荷先停掉后，再将变压器停止运行，进行大修，换变压器油，清洗变压器散热管道等。

【13-6】 **运行中的变压器严重缺油**

解： 变压器缺油有多种原因。
① 长时间漏油、渗油未及时发现和处理，造成变压器缺油。
② 因多次取油样，新变压器初始油量不足。
③ 因油位管堵塞或阀门被关闭，形成假油面。
发理变压器严重缺油时，应及时补充试验合格的变压器油。

【13-7】 **变压器的气体继电器报警**

解： 气体继电器报警，说明有气体进入气体继电器，如是因变压器缺油，应检查变压器是否漏油、渗油，并及时给变压器补充试验合格的变压器油；如变压器本身不缺油，则可能瓦斯继电器存有气体，将气体继电器出气阀门打开，把气体放掉。变压器气体继电器如图 13-1 所示。

图 13-1　变压器的气体继电器

【13-8】 **变压器瓦斯动作开关跳闸**

解： 变压器中瓦斯动作开关跳闸，是变压器内部事故，未判明事故性质前，变压器不得投入运行。重瓦斯如接信号时，值班人员根据当时变压器的声响、气味、喷油、冒烟、油温急剧上升等异常情况，判断其内部确有故障时，应立即将变压器停止运行，准备大修处理。

【13-9】 变压器事故过负荷或过负荷运行

解：在不影响变压器正常使用寿命的情况下，在容许的时间内，变压器在有条件的情况下事故过负荷运行应符合下列条件。

① 变压器是正常欠负荷运行，可在用电高峰时间里，允许变压器短时间过负荷运行，但是，其事故过负荷倍数和持续时间不能超过表 13-1 的要求。

表 13-1　油浸式变压器允许事故过负荷的倍数和时间

过负荷倍数	1.30	1.45	1.60	1.75	2.00	2.40	3.00
允许持续时间/min	120	80	30	15	7.5	3.5	1.5

② 变压器在夏季最高负荷低于变压器的额定容量，在冬季允许过负荷使用 1%～15%。变压器最大过负荷值，室外变压器不得超过 30%，室内变压器不得超过 20%。对于变压器来说，还是不要过负荷运行好。

变压器允许过负荷程度和持续时间，要按制造厂家的要求执行。在无准确资料的情况下，可参照表 13-2 的要求。

表 13-2　油浸式变压器过负荷倍数及允许过负荷持续时间

过负荷倍数	过负荷前上层油面温升/℃					
	18	24	30	36	42	48
1.05	5h50min	5h25min	4h50min	4h	3h	1h30min
1.10	3h50min	3h25min	2h50min	2h10min	1h25min	10min
1.15	2h50min	2h25min	1h50min	1h20min	35min	
1.20	2h05min	1h40min	1h15min	45min		
1.25	1h35min	1h15min	50min	25min		

续表

过负荷倍数	过负荷前上层油面温升/℃					
	18	24	30	36	42	48
1.30	1h10min	50min	30min			
1.35	55min	35min	15min			
1.40	40min	25min				
1.45	25min	10min				
1.50	15min					

【13-10】 **变压器初次送电或大修后投入运行， 气体继电器频繁动作**

解： 气体继电器频繁动作，是因为变压器在加油、滤油时将空气带入变压器内部，没能及时排出而引起的，当变压器投入运行后，油温逐渐上升，形成油的对流，变压器内部储有的空气逐渐排出，使气体继电器动作。气体继电器动作的次数与变压器内部储存的气体多少有关。

如遇上述情况，可根据变压器的声响、温度、油位以及加油、滤油等情况加以综合分析。也可取气体做点燃试验，若气体不可燃，变压器运行正常，可判断为变压器内部进入空气所致，打开气体继电器的出气阀门，将空气排出即可。

【13-11】 **变压器送电做冲击合闸试验时， 差动保护动作掉闸**

解： 变压器送电做冲击试验时，差动保护动作跳闸的原因有以下几个。

① 变压器内部有故障。

② 高、低压侧电流互感器开路或接线端子接触不良。

③ 保护二次回路故障或接线不正确（如直流回路两点接地）。

④ 保护区整定值过小（没考虑励磁涌流的影响）。

⑤ 变压器引线故障；可通过查找变压器有无故障痕迹进行判断。

差动保护动作后的处理：发现变压器有明显的内部故障时，应立即停止变压器的运行；若为操作机构有问题，应及时排出；若故障不明显，则需进一步检查和试验，待故障排除后方可再次将变压器投入试运行。

【13-12】 变压器瓷套管表面脏污会导致什么恶果

解： 变压器瓷套管表面脏污时，由于脏污吸附水分，致绝缘能力降低，容易引起瓷套管的表面放电，使其泄漏电流增加，造成套管发热。

瓷套管表面脏污，其闪络电压降低，当线路有过电压现象时，会引起瓷套管闪络放电，导致断路器跳闸。另外由于瓷套表面放电，导致表面瓷质损坏，将是绝缘击穿的一个重要因素。

处理方法：及时停止运行变压器，进行清扫检查。

【13-13】 变压器瓷套管表面出现裂纹

解： 如果变压器的瓷套管出现裂纹时，使其绝缘能力降低。因瓷套管裂纹中充满空气，空气的介电系数小，当裂纹中的电场强度大到一定数值时，空气就被游离，引起瓷套管的局部放电。使瓷套管的绝缘进一步损坏，导致全部击穿。此外瓷套管裂纹中进水结冰时，还会使瓷套管胀裂。

其处理方法是：停止运行变压器，更换经试验合格的瓷套管。

【13-14】 变压器油标管看不见油面

解： 变压器的油标管如图 13-2 所示。看不见油面的原因如下。

① 油阀门关闭不严、多次取油样后未及时补充油等造成变压器缺油。

② 变压器油箱严重缺油，油枕的油都流进变压器里了。

③ 油标管堵塞、呼吸器堵塞、防爆管通气孔堵塞等原因造成假油面。

④ 油标管表面有油污看不清等。

如果发现变压器严重缺油时，应及时给变压器补充试验合格的变压器油。

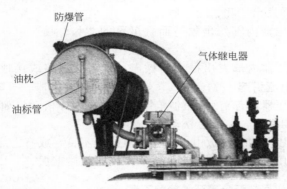

图 13-2　油浸式变压器部分部件

【**13-15**】　**变压器的呼吸器中吸湿剂达到饱和状态**

解： 呼吸器中的吸湿剂达到饱和状态时，已起不到吸湿的作用，必须取出进行干燥处理或更换新的吸湿剂。

【**13-16**】　**变压器在运行中老是有轻微的"嗡、嗡"声**

解： 变压器在运行中有轻微的"嗡、嗡"声，这是交流电通过变压器线圈时产生的磁通使变压器铁芯振动发出的声音，属于正常声音，这种声音是清晰而有规律的。变压器正在安全运行中。

【**13-17**】　**如何根据变压器运行中的声音判断变压器的运行情况**

解： 变压器的负荷变动或运行中出现异常以及发生故障时，将产生异常声音，因此，可以根据声音来判断变压器的运行情况。

① 当发出的"嗡、嗡"声有变化，但无杂声，说明负荷可能

有较大的变化。

② 由于大的动力设备启动，使变压器内发出"哇、哇"的声音。如变压器带有电弧炉、可控硅整流器等负荷，因高次谐波分量很大，同样发出"哇、哇"声。

③ 变压器内部发出很高而且沉重的"嗡、嗡"声，是变压器过负荷。

④ 变压器内部发出很大的噪声，是系统短路或接地，通过大量的短路电流引起。

⑤ 变压器内部有强烈的噪声，是个别零件松动，如铁芯的穿心螺栓夹得不紧，使铁芯松动。

⑥ 变压器内发出放电声，是内有接触不良，或有击穿的地方。

⑦ 变压器发出粗、细不均的噪声，是铁磁谐振。

【13-18】 如何判断分接开关接触不良

 解： 分接开关接触不良主要原因为接触点压力不够或接触处污秽等，使接触电阻增大，会使接触点的温度升高而发热。

判断分接开关接触不良的方法有以下几个。

① 变压器切换分接开关后和变压器过负荷运行时，变压器油温度升高。

② 变压器切换分接开关后，轻瓦斯频频动作。

③ 取油样进行化验，变压器油闪点迅速下降。

④ 通过测量线圈直流电阻值，确定分接开关的接触情况。

【13-19】 如何判断变压器线圈匝间短路

解：

（1）线圈匝间短路的主要原因

① 线圈相邻几个线匝之间的绝缘损坏，出现一个闭合的短路环流。线圈减少了匝数，短路环流产生高热使变压器的温升过高，严重时会烧毁变压器。

② 线圈制造时工艺粗糙使绝缘受到机械损伤。

③ 高温使绝缘老化。

④ 电动力作用下使线圈发生轴向位移，将绝缘磨损等。

（2）判断变压器线圈匝间短路的方法

① 检查电压、电流表，是否过电压和过电流。

② 检查变压器油温是否上升。

③ 细听变压器内部匝间短路处的油像沸腾似的，能听到"咕嘟、咕嘟"的声音。

④ 取油样化验时油质变坏。

⑤ 由轻瓦斯动作发展到重瓦斯动作。

⑥ 此时用测量直流电阻的方法测试也能发现匝间短路。

【13-20】如何判断变压器铁芯硅钢片间短路

 解：

（1）造成变压器铁芯硅钢片间或穿心螺杆短路的主要原因

① 绝缘老化，使硅钢片间或穿心螺杆绝缘损坏，造成涡流。

② 外力将硅钢片间或穿心螺杆绝缘损坏，涡流增大。

（2）判断方法

① 轻者变压器局部发热，一般观察不出变压器油温上升。

② 严重时使变压器铁芯过热，油温上升。

③ 轻瓦斯频繁动作，取油样化验，油的闪点下降，严重时重瓦斯动作。

要判断变压器由哪个部位引起的故障，需要结合监视变压器油温、声音以及瓦斯动作的情况，进行综合分析。

【13-21】变压器呼吸器或安全阀喷油

 解：

（1）变压器内部温度过高，导致油箱内压力增大而喷油。一般有以下几个原因。

① 变压器出气孔堵塞，影响油的正常"呼吸"。

② 变压器内部放电造成短路，产生很大的电动力。

③ 变压器二次短路，而且是保护拒绝动作。

（2）处理方法

① 属于第一种情况时，将出气孔打开即可。

② 属于后两种情况时，立即将变压器退出运行，进行大修。

【13-22】 变压器的电源电压升高

解： 如果不考虑变压器的内阻抗压降，则认为变压器的电源电压即一次电压为

$$U_1 = E_1 = 4.44 f N_1 \Phi_m \times 10^{-8}$$

式中，频率 f、一次侧匝数 N_1 均为不变的常数，电源电压 U_1 升高时，磁通 Φ_m 也将随之增加，也使励磁电流 I_m 相应增加。变压器的励磁电流增大后，会使变压器铁芯损耗增大而过热。同时，变压器的励磁电流是无功电流，因此励磁电流的增加会使无功功率增加。由于变压器的容量 $S = \sqrt{P^2 + Q^2}$，当无功功率 Q 增加，其容量不变时，有功功率 P 就会减少。因此电源电压升高后，变压器允许通过的有功功率将会降低。

处理方法：必须降低无功功率，停掉适当的电力电容器，使有功功率提高。

【13-23】 变压器油箱内有"吱、吱"的放电声

解： 如果发现变压器油箱内有"吱、吱"的放电声，电流表随着响声发生摆动，气体保护发出信号，取油样试验闪点会急剧下降，可初步判断是无载分接开关的故障。

无载分接开关故障原因如下。

① 分接开关触头弹簧压力不足，滚轮压力不均，使有效接触面积减少，镀银层机械强度不够而严重磨损等引起分接开关在运行中被烧坏。

② 分接开关接触不良，引线连接和焊接不良，经受不住短路电流冲击而造成分接开关故障。

③ 在倒换分接开关时，分接头位置切换错误，引起分接开关烧坏。

④ 可能三相引线相间距离不够，或者绝缘材料的电气绝缘强

度低，在过电压的情况下绝缘被击穿，造成分接开关相间短路。

处理方法：根据变压器运行情况，如电流、电压、温度、油位、油色和声音等的变化，取油样进行气相色谱分析，以鉴定故障性质，同时将分接开关切换到定好的位置运行。

【13-24】如何取变压器油样进行化验

解：

（1）取油样前的准备

① 应在晴天、干燥、无风时进行。

② 将盛油的玻璃瓶容器清洗干净，并进行干燥处理。

③ 将取油处用干净的新棉丝和汽油把放油阀（图 13-3）擦拭干净。

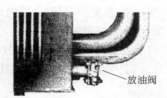

放油阀

图 13-3　变压器的放油阀位置

（2）取油样操作

① 慢慢打开放油阀，放掉变压器油箱底部带有杂质和污物的油，放掉的油量不少于 2L，要以放出的变压器油无沉淀杂质为标准。

② 污物放净后，再微微打开放油阀，拿清洁的新棉丝蘸放出的油仔细擦拭放油阀口及周围，直到擦净。

③ 用放出的变压器油，将盛油的玻璃瓶容器内外及玻璃瓶塞冲洗 2～3 次，至干净。

④ 取油样的量：做耐压试验，油量不少于 0.5L；做简化试验，油量不少于 1L。

⑤ 取油样的容器必须要装满油，最后将瓶塞盖好并密封。

⑥ 盛油样的容器要贴上标签，变压器所属单位、编号，变压

器容量、电压等级，试验内容，取油样时的环境温度，取油样日期，取油样人签名。

⑦ 将变压器所取油样送至有关变压器油专业试验单位进行试验。

【13-25】 解析变压器上各部件的用途

解： 油浸式变压器各主要部件如图 13-4 所示，其主要部件的用途如下。

① 分接开关。用于改变变压器一次绕组抽头的位置，确保二次电压的稳定，分接开关有两种，有载调压和无载调压。

② 气体继电器。用于监视变压器内部变化的保护装置。它与控制电路连通构成气体保护电路。

③ 防爆管。预防变压器内发生故障，其内部产生压力剧增时，用于泄气压，以防止变压器油箱变形。

④ 油枕。是变压器补油及储油装置。油枕侧面的油标管又称油位指示器，用于监视运行中油色及油位。油枕上方还装有加油孔和出气瓣。

⑤ 高、低压绝缘套管。用于固定引线与外电路连接的主要绝缘装置。

⑥ 散热器。变压器四周的散热管或散热片，用于降低变压器运行中的内部油温。

⑦ 呼吸器内的硅胶。当变压器进行呼吸时，硅胶本身有良好的绝缘性能，用于吸取气体中水分，使变压器内的绝缘油保持干燥。

⑧ 放油阀。安装在变压器油箱的底部，用于变压器放油和取油样。

⑨ 温度计。用于监视变压器在运行中油箱内上层油的温度变化。温度计的内部有一对接点，可连接信号报警器，当变压器油箱上层油的温度超过规定温度值时，温度计发出报警信号。

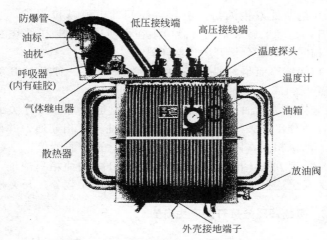

图 13-4 油浸式变压器各主要部件

【13-26】 变压器呼吸器里的硅胶变成淡红色

解： 硅胶在干燥的情况下呈浅蓝色，如果吸潮达到饱和状态时，逐渐变为淡红色，此时，它就不能吸收变压器油中的潮气。在这个时候，要将硅胶取出放在 140℃ 高温烘焙 8h，硅胶即可恢复原色及吸潮性能，再将硅胶装进呼吸器中。

【13-27】 变压器防爆管口玻璃碎裂往外喷油

解： 变压器防爆管口玻璃碎裂并往外喷油时，说明变压器内部发生故障产生气体，因气体膨胀，将防爆管口玻璃损坏。如果还往外喷油，说明变压器内部故障非常严重，应立即将变压器停止运行，进行大修处理。

【13-28】 如何判断有载变压器分接开关的故障

解：

（1）判断有载变压器分接开关的故障

① 在烧断处发生闪络，引起触头间的电弧越拉越长，并发出异常声音，是辅助触头中的过渡电阻在切换过程中被击穿烧断。

② 相间闪络是分接开关密封不严，进水造成。

③ 相间短路而烧坏是触头中的滚轮被卡住，使分接开关停在过渡位置上。

④ 分接开关的油位指示器出现假油位是因为分接开关的油箱不严密，使分接开关的油箱与主变压器的油箱互相连通，并使两个油位计的油位相同，因此，油位指示相同，造成假油位。

（2）处理方法：出现假油位，使分接开关的油箱里缺油，危及分接开关安全运行。处理故障的方法原则上与无载分接开关相同。

【13-29】 **有载调压分接开关产生电弧**

解： 分接开关有载调压不会产生电弧，因为在分接开关中有两个动触点 K_1、K_2，并采用限流灭弧电阻 R，如图 13-5 所示，所以分接开关有载调压不会产生电弧。分接开关有载调压两个动触点的切换过程如图 13-6 所示。

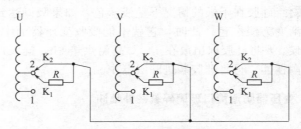

图 13-5　有载调压分接开关原理接线图

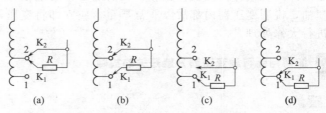

图 13-6　分接开关有载调压两个动触点的切换过程

【13-30】 如何调整变压器的分接开关

解： 调整变压器的分接开关，必须是在变压器退出运行状态下进行，做好安全技术措施和组织措施。调整分接开关要按下列要求进行。

① 执行工作票、操作票及监护制，将运行中的变压器退出运行，先停变压器的负荷，后停变压器电源。变压器停电后进行验电，无电立即挂临时接地线，挂有关标示牌。

② 拆除变压器一次侧高压线。

③ 打开分接开关的保护罩，松开或提起分接开关的定位销（或螺栓）。

④ 反复多次转动分接开关的手柄，以清除触点表面的氧化物，最后将手柄调整至所需的挡位。

⑤ 调整至所需的挡位后，立即先用万用表测量一次绕组的直流电阻，再用单臂电桥测量一次绕组的直流电阻。然后将两次测得的电阻进行对比，合格后，锁定定位销（或螺栓）。

⑥ 恢复一次绕组的接线。

⑦ 检查全面工作质量，完全达到要求后，工作人员全部撤出现场。

⑧ 值班员检查现场，无问题后拆除临时接地线和标示牌，恢复送电后检查三相电源是否正常。

用电桥测量变压器的一次绕组的直流电阻时，一般容量小的用单臂电桥，容量大的用双臂电桥。测量前应估算好被测的电阻值，选择适当的量程及倍率。测量时，由于绕组电感较大，需等电流稳定下来后才能接通检流计。然后将实际读数乘以倍率就等于实测电阻值。

调整变压器的分接开关的方法：油浸式变压器的分接开关有三个挡位，调整到Ⅰ挡位时为 105%，调整到Ⅱ挡位时为 100%，调整到Ⅲ挡位时为 95%。调整变压器的分接开关基本原则是"高往高调，低往低调"，即电压高时往高比例挡调，电压低时往低比例挡调。若现在变压器的分接开关是Ⅱ挡位 100% 的位置，低压系统电压偏低约只有 365V/210V，将分接开关调至Ⅲ挡位 95% 的位置时，低压系统电压将提升至 383V/220。5V。接近低压系统电压 380V/22V 的额定电压。分接开关的接线示意图如图 13-7 所示。

变压器的分接开关有很多种，部分分接开关实物如图 13-8 所示。

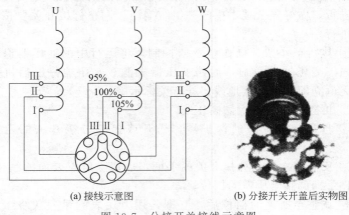

(a) 接线示意图　　　　　(b) 分接开关开盖后实物图

图 13-7　分接开关接线示意图

图 13-8　部分分接开关实物

【13-31】 如何调整 10kV 干式变压器分接开关

👆 **解：** 干式变压器的分接开关与油浸式变压器的分接开关有以下区别。

① 干式变压器的一次绕组一般为三角形接线。

② 干式变压器的分接开关是改变每一相绕组的连接压板，其实物如图 13-9 所示。

③ 干式变压器分接开关每一挡位调整为 2.5%，如表 13-3 所示。油浸式变压器每一挡位调整为 5%。

表 13-3　10kV 干式变压器挡位调整电压

序号	分接挡位	电压/V
1	I	10500
2	II	10250
3	III	10000
4	IV	9750
5	V	9500

干式变压器分接开关挡位连接原理图如图 13-10 所示。

图 13-9　10kV 干式变压器的分接开关实物连接图

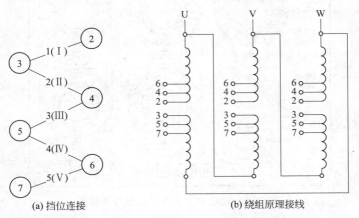

(a) 挡位连接　　　　　　　　(b) 绕组原理接线

图 13-10　10kV 干式变压器分接开关挡位连接原理图

调整变压器的分接开关，必须是在变压器退出运行状态下进行，并要做好安全技术措施和组织措施。调整分接开关要按下列要求进行。

① 执行工作票、操作票及监护制，将运行中的变压器退出运行，先停变压器的负荷，后停变压器电源。变压器停电后进行验电，无电立即挂临时接地线，挂有关标示牌。

② 拆除干式变压器分接开关连接压板的螺栓，取下连接压板，改接到新的位置，重新用螺栓压紧。

③ 要求三相绕组的连接压板位置必须一致，否则将造成三相电压不平衡。

④ 拆除连接压板时用力应均匀，防止高压绕组抽头松动。

工作完毕，要认真检查工作质量，检查工作场地是否有遗漏的工具材料等，拆除安全措施，恢复送电后检查低压电压是否正常。

【13-32】 如何使用直流单臂电桥

解： QJ$_{23}$型直流单臂电桥外部结构如图 13-11 所示。

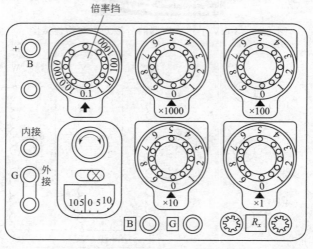

图 13-11　QJ$_{23}$型直流单臂电桥外部结构

直流单臂电桥原理接线图如图 13-12 所示。

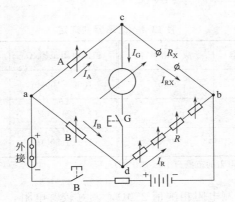

图 13-12　直流单臂电桥原理接线图

直流单臂电桥工作原理：如图 13-12 所示，电桥工作时，调节电桥的一个臂或几个臂的电阻，使检流计的指针指示为零，这时电桥达到平衡，c、d 两点间的电位相等，检流计中没有电流流过，这时有

$$U_{ac} = U_{ad}, \quad U_{cb} = U_{db}$$

$$I_A = I_{RX}, \quad I_B = I_R,$$

即 $I_A A = I_B B, \ I_{RX} R_X = I_R R$

将两式相除可得：

$$I_A A / I_{RX} R_X = I_B B / I_R R, \quad I_A = I_{RX}, \quad I_B = I_R$$

$$A / R_X = B / R,$$

$$R_X = AR / B$$

式中，A/B 为比率臂；R 为较臂电阻。

直流单臂电桥使用方法如下。

① 将电桥放平稳，外接检流计接线柱和外接电源接线柱正确短路，调节机械调零旋钮使指针和零线重合。

② 用万用表先测量被测电阻值，按表 13-4 选定比率臂。如果被测电阻粗测电阻值为 250Ω，可选比率臂为 0.1。

表 13-4　比率臂的选定

被测电阻范围/Ω	应选比率臂	被测电阻范围/Ω	应选比率臂
1～10	0.001	1000～10000	1
10～100	0.01	(1～10)×10^4	10
100～1000	0.1	(1～10)×10^5	100

注：此表精测电阻的范围为 1Ω～0.1MΩ。

③ 根据被测电阻粗测值 250Ω，调好较臂电阻，"×1000"挡位置于"2"，"×100"挡位置于"5"，"×10"挡位置于"0"，"×1"挡位置于"0"，称为预置数，这是为了防止损坏检流计和缩短测量时间。

④ 将被测电阻 R_x 接入 X_1、X_2 接线柱，开始测量时先按下 B 钮，待一段时间后，再点按 G 钮，观察检流计的摆动情况，若摆动很缓慢，可锁住按钮，调整较臂电阻，此时若指针摆向"＋"的一边，需加电阻，若指针摆向"－"的一边，需要减小电阻，直到指针与零线重合为止。按公式 $R_x = AR/B$ 计算，即可得被测电阻值。

⑤ 测量完毕后，先打开 G 钮，再打开 B 钮，拆除测量接线，并将检流计旁的 3 个接线柱由"内"改为"外"，以防止携带时表针因剧烈摆动而受损。

⑥ 电桥测量变压器（U 相、V 相间）直流电阻的接线如图 13-13 所示。

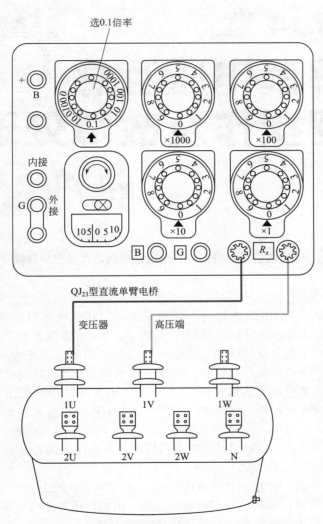

图 13-13 电桥测量变压器 U 相、V 相间接线示意图

第14章
解读电压互感器操作及故障处理

Chapter 14

解：

原因：在 10kV 中性点不接地系统，三相五柱式电压互感器、KV 电压继电器动作发出报警信号时，是 10kV 中性点不接地系统某相发生金属性接地故障，三相对地电压不对称（不平衡），电压互感器的开口三角形接线的二次辅助绕组两端出现小于 100V 的零序电压，其原理接线图如图 14-1 所示。通常与其串接的 KV 电压继电器动作电压整定值为 24～40V。这时 KV 电压继电器发出报警信号。

当 KV 电压继电器动作发出信号时，相电压表的指示值会出现"一低两高，三不变"。

① 一低：接地相对地电压很低（由 5770V 降至 1000V 左右）。

② 两高：非接地两相对地电压高，由相电压升至线电压。

③ 三不变：各相之间的线电压不变。

切记：出现报警信号时，要尽快排除高压接地故障，防止非接地相因电压升高造成绝缘损坏，形成两相或三相发生短路的大事故。在查找故障时，应保持与接地故障点的安全距离：室内距离故障点 4m 以外，室外距离故障点 8m 以外。

　　应穿绝缘靴查找故障点，防止跨步电压触电；查找故障点是在站内还是站外，可利用高压主进柜电流表，接地相将有 $5\sim7A$ 的电流增大。

　　处理方法如下。

　　① 发现接地故障要及时报告供电部门。

　　② 若不能在 2h 之内排除故障时，可利用断开断路器的方法断开接地故障的线路，恢复供电系统正常运行。禁止利用隔离开关直接断开故障点。

　　③ 若高压一相接地，对低压用户不会有影响，可以继续用电，其三个相电压、三个线电压不会改变。

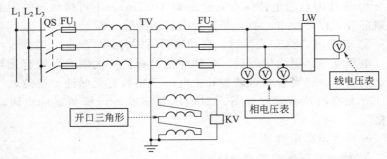

图 14-1　三相五柱式电压互感器带有绝缘监视的原理接线图

【14-2】 **电压互感器高压熔丝熔断**

解:

（1）熔丝熔断的原因

① 电压互感器内部线圈有匝间、层间及相间短路。

② 一次侧的某一相接地。

③ 二次回路发生故障，二次侧选用的熔丝太大，造成一次侧熔丝熔断。

④ 电力系统发生铁磁谐振，使电压互感器产生过电压或过电流，电流激增。轻者熔丝熔断，重者导致电压互感器的绕组烧毁。

（2）熔丝熔断，电压表指示变化

① 相电压：接地相电压低，非接地相电压不变。

② 线电压：与接地相有关的低，无关的不变。

③ 防止误判，先检查二次熔丝是否有故障，如果是二次熔丝熔断造成的故障时，先把二次熔丝更换好，再观察电压互感器的运行情况。

（3）处理措施

① 确定是高压侧熔丝熔断后，立即将电压互感器退出运行。

② 操作时，穿绝缘靴、戴绝缘手套。执行两票一制，拉开电压互感器高压侧的隔离开关。取下二次侧的低压熔断器，防止低压电压感应返回一次高压侧。

③ 操作时与带电体保持安全距离（0.7m），不可接触开关柜的金属部分，以防触电。摘、装熔丝管使用绝缘夹钳。

④ 必要时，将有关保护、自动装置暂时停用，防止误动作。

电压互感器退出运行后，必须仔细检查：一次侧的引线有无异物造成短路，瓷套管是否破裂等；电压互感器有无漏油、渗油，注油处有无喷油及异常气味等；对电压互感器进行摇测绝缘电阻应合格。

（4）更换高压熔丝

① 检查高压熔丝是否合格

a. 额定电流 0.5A、1A（合资产品）。

b. 1min 熔丝熔断电流 0.6～1.8A。

c. 最大开断电流为 50kA，三相最大断流容量为 1000MV·A。

d. 高压熔丝本身电阻（100±7）Ω，可用万用表"R×1"电阻挡位测量是否合格。

② 经确认电压互感器无异常的情况下，更换合格的高压熔丝，投入试运行中，加强巡视检查，发现问题及时处理。

③ 符合标准的专用熔断器，一般采用 RN_2 型或 RN_4 型熔丝。

④ 禁止用普通熔丝替换，因为普通熔丝不能限制短路电流和熄灭电弧，有可能发生烧毁设备和造成大面积的停电事故。

【14-3】 **电压互感器的几种接线操作**

解:

（1）电压互感器种类　电压互感器有单相和三相五柱两种，按是否油浸又分为油浸式和非油浸式，如图 14-2 所示。

(a) JDJ单相油浸式　　(b) JSJW三相五柱油浸式　　(c) JDZ单相非油浸式

图 14-2　电压互感器实物图

（2）电压互感器原理接线

① 采用两台单相电压互感器进行 V/V 接线，V/V 接线又称不完全三角形接线。图 14-3 所示的是两台单相电压互感器 V/V 原理接线图，其接线符号如图 14-4 所示。这种接线简单、经济，避免了操作过电压。无监视绝缘作用，无接地保护。

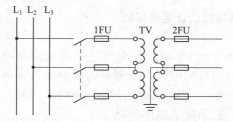

图 14-3　两台单相电压互感器 V/V 原理接线图

图 14-4　电压互感器 V/V 接线符号

　　② 采用三台单相电压互感器进行 Y/Y 接线，如图 14-5 所示，接线符号如图 14-6 所示。这种接线方式可以测量相电压和线电压，提供给仪表和继电保护装置。在需要时，还可以在一次绕组中性点接地的情况下，安装绝缘监视电压表。

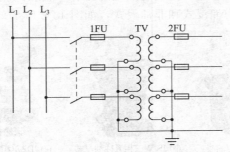

图 14-5　三台电压互感器 Y/Y 原理接线图

图 14-6　电压互感器 Y/Y 接线符号

【14-4】 **电压互感器二次熔丝熔断**

解： 对于 10kV 以下的电压互感器在运行中发生二次熔丝熔断时，可用万用表的电压挡位测量熔断器的两端电压，如果有电压，说明熔丝熔断；无电压说明熔丝未熔断，如图 14-7 所示。判明熔丝熔断时，更换原规格的熔丝。

【14-5】 **解读电压互感器的准确度等级与其容量之间的关系**

解：

　　(1) 准确度等级　电压互感器的准确度等级（也就是铭牌上标的"误差等级"）常分为 0.2、0.5、1、3 四个等级。

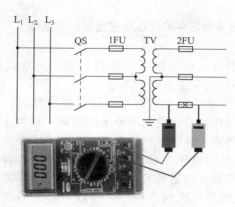

图 14-7　万用表电压挡位测量熔断器两端的电压示意图

　　例如，准确度等级为 0.5 级，表示该电压互感器的变比误差（在额定电压时）为 0.5％。电压互感器的准确度等级及允许误差值如表 14-1 所示。

表 14-1　电压互感器的准确度等级及允许误差

准确度等级	最大误差	
	比差/％	相角差/（′）
0.2	±0.2	±10
0.5	±0.5	±20
1	±1	±40
3	±3	未定

　　(2) 准确度等级与容量的关系　因为电压互感器二次负载的大小，影响它的比差和相角差，电压互感器的设计和制造中，是按各种准确度等级给出相应的使用容量的。所以，在电压互感器的使用过程中，任何情况下都不应超过其最大容量。

　　例如，JDZ-10 电压互感器，在负载功率因数为 0.8 的情况下，准确度为 0.5 级，其容量为 50V·A；准确度为 1 级，其使用容量为 80V·A；3 级时为 200V·A。它的最大使用容量为 400V·A。

【14-6】 如何更换运行中的电压互感器及二次接线

解： 更换运行中的电压互感器及其二次线时，除应执行"两票一制"外，还应注意以下几点。

① 个别电压互感器在运行中损坏需要更换时，应选用电压等级与电网运行电压相符、变比与原来的相同、极性正确、励磁特性相近的电压互感器，并需经试验合格。

② 更换成组的电压互感器时，除注意上述内容外，对于二次与其他电压互感器并列运行的还应检查其接线组别并核对相位。

③ 电压互感器二次线更换后，应进行必要的核对，防止造成错误接线。

④ 电压互感器及二次线更换后必须测定极性。

【14-7】 如何停用电压互感器

解： 电压在 110kV 及以上有配出线路时，一般电压互感器的二次侧接有距离保护、方向保护、低电压保护、过流保护的低电压闭锁以及低周减载、电源自投等保护和自动装置。停用电压互感器时，应将有关保护与自动装置停用，如果电压互感器装有自动切换或手动切换装置时不能停用，但需检查无误方可操作，以免装置误动。

另外，为防止电压互感器从二次向一次侧反送电源，应将二次侧保险取下。

【14-8】 电压互感器的保险熔丝经常熔断和烧毁

解： 10kV 中性点不接地的电力系统中，由于网络的发展、线路参数的变化以及电磁型电压互感器的大量采用，产生铁磁谐振增多。电力系统铁磁谐振除了使电压互感器保险熔断和烧毁外，还有可能损坏其他电气设备，甚至造成系统停电事故。

要避免产生铁磁谐振，可在接地监视用的电压互感器开口三角绕组两端和一次中性点处接入电阻，增加回路阻尼，以破坏造成铁磁谐振的条件，使谐振不易发生，这是比较简单的方法。从效果上看，开口三角绕组接入的电阻阻值愈小愈好，但不能太小。而一次侧中性点连接线的电阻阻值愈大愈好，但也不能太大。一切都要按规定要求。

第15章
解读电流互感器操作及故障处理

Chapter 15

【15-1】 **电流互感器安装前的注意事项**

解: 电流互感器实物如图 15-1 所示。

(a) LDJ-10高压电流互感器　　　(b) LDZ-10高压电流互感器

图 15-1　电流互感器实物

低压电流互感器分为穿心式或线圈式两种。

① 穿心式电流互感器如图 15-2 所示。在低压 380V 配电设备用 LML-1-0.5 型、LMKJ-1-0.5 型及 LM-2-0.5 型属于加大容量的电流互感器。

② 线圈式电流互感器如图 15-3 所示。

电流互感器安装前的注意事项如下。

① 高压电流互感器必须经过检查，耐压试验合格后方可投入

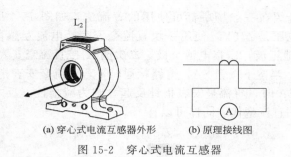

(a) 穿心式电流互感器外形　　(b) 原理接线图

图 15-2　穿心式电流互感器

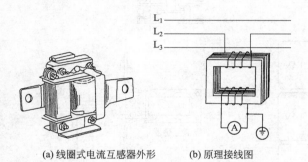

(a) 线圈式电流互感器外形　　(b) 原理接线图

图 15-3　线圈式电流互感器

运行。

② 应安装在金属架构上，与带电体保持一定的安全距离。

③ 在运行前检查高压电流互感器瓷体及法兰盘有无裂纹。

④ 在运行中的高压及低压电流互感器二次不能开路，并将其一端接保护接地。

【15-2】 电流互感器无极性标志怎么办

解: 电流互感器无极性标志时可采用直流法、交流法和仪器法找出极性。当然有条件的还是用仪器法方便。一般的互感器校验仪器都带有极性指示器，在测定电流互感器误差之前，仪器可预先检查极性，若极性指示器无指示，则说明被测试的电流互感器极性正确（减极性）。

下面介绍在一般场所都可使用的直流法，如图 15-4 所示。图中的电源电压是 4.5V，使用一块直流毫安表。电流互感器的一次侧 L_1 接电池正极，L_2 接电池负极，二次侧 K_1 接直流毫安表的正极，K_2 接负极。当按下按钮 SA，电路接通时，若直流毫安表指针正起，断开按钮 SA 时，直流毫安表指针反起，则为减极性。反之则为加极性（采用直流毫伏表同样可以）。

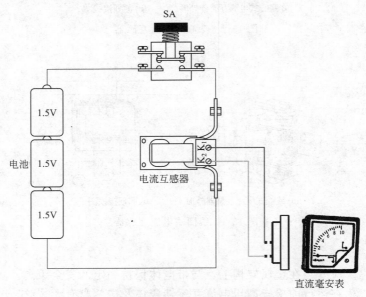

图 15-4 测量电流互感器的极性示意图

【15-3】 运行中的电流互感器二次开路怎么办

解：

运行中的电流互感器二次开路时，会有以下危害。

① 电流互感器二次开路，在二次侧将产生数千伏的高压，对二次绝缘构成威胁，对设备和运行人员来说都非常危险。

② 由于铁芯的骤然饱和使铁芯损耗增加，导致严重发热，绝缘有烧坏的可能。

③ 将在铁芯中产生剩磁，使电流互感器的比差和角差增大，影响计量的准确性。所以电流互感器在运行中是不能开路的。

· 发现电流互感器二次开路时应及时停电进行处理，如果负荷不允许停电时，要先将一次侧的负荷电流减小，然后采用绝缘工具进行处理。

【15-4】 运行中的电流互感器声音不正常或铁芯发热

 解：

（1）发热原因

① 二次开路。

② 绝缘损坏而发生放电等。

③ 半导体漆涂得不匀造成局部电晕，以及夹紧铁芯的螺栓松动。

④ 长时间过负荷运行。

（2）处理方法

① 如果是过负荷引起的，应采取措施降低负荷，使其在额定值以下。

② 如果是因二次回路开路，则应立即停止运行，或将负荷减少至最低限度进行处理，在处理过程中要采取必要的安全措施以防止触电。

③ 如果是绝缘损坏而造成放电则必须更换电流互感器。

【15-5】 如何选择电流互感器

 解： 选择电流互感器的注意事项如下。

① 电流互感器一次额定电压应与电网的电压相符合。

② 一次额定电流的选择：使运行电流经常在其额定电流的 20％～100％范围内；10kV 继电保护用电流互感器一次侧电流一般应小于设备额定电流的 1.5 倍。

③ 根据电气测量和继电保护的要求，选择电流互感的适当准确等级。

④ 电流互感器的二次负载（包括电工仪表和继电器）消耗的

功率或阻抗不应超过所选择的准确度等级相对应的额定容量。

⑤ 根据系统的运行方式和电流互感器的接线方式选择电流互感器的台数。

⑥ 电流互感器选择好以后，根据装设地点的系统短路电流校验其动稳定和热稳定。

【15-6】 电流互感器二次接地的要求

解： 电流互感器接地的要求如下。

（1）对于高压电流互感器的接地要求

① 其二次侧要有一点接地。当一、二次线圈之间因绝缘破坏而被高压击穿时，可将高压引入大地，以确保人身和二次电气设备的安全。

② 其二次回路中只允许一点接地，不准许有两点接地。若有两点接地则可能引起分流，使电气测量的误差增大或者影响继电保护装置的正确动作。

③ 高压电流互感器二次回路的接地点应在接线端子的 K_2 处。

（2）对于低压电流互感器的接地要求

由于其绝缘强度大，发生一、二次线圈被击穿的可能性极小，有时为了提高二次侧系统和计量仪表的绝缘能力，减少雷击造成仪表烧毁事故，因此在二次侧不接地。但是，为了防止电流互感器二次侧开路时，产生高压危害人员或设备的安全，还是要在二次回路中的接线端子 K_2 处接地与大地等电位。

【15-7】 如何扩大电流互感器容量

解： 在运行中如果因继电保护装置或仪表的需要，要扩大电流互感器的容量，可将电流互感器二次线圈串联接线使用。

（1）串联条件 同相、同型号、同变比电流互感器两套，二次线圈可串联接线使用。

（2）串联后特点

① 二次回路内的电流不变。

② 感应电动势 E 增大 1 倍，其负载阻抗数值也可以增加 1 倍。

③ 电流互感器的容量增加 1 倍，变比不变，准确度也不降。

(3) 对有些双二次线圈的电流互感器，虽然两个二次线圈的准确度等级和容量不同，其二次线圈仍可以串联使用，串联后误差符合较高等级的标准，容量为二者之和，变比与原来相同。

例如，LQJ-10 型电流互感器，变比为 400/5、准确度 3.0 级、容量 1.2Ω 和同变比、准确度 0.5 级、容量 0.4Ω 的两套二次线圈串联使用后，其二次输出容量为：

$$1.2+0.4=1.6（Ω）$$

其误差仍满足 0.5 级要求，变比与原来一样。

【15-8】 运行中电流互感器的变比过大而实际负荷电流较小怎么办

解： 电流互感器的变比过大，而实际负荷较小时，可将两套二次线圈并联接线使用。但是，二次线圈并联后，二次回路内的电流将增加 1 倍，为了使二次回路内流过的电流仍为原来的额定电流（5A），则一次电流应较原来额定电流降低 1/2 使用。

电流互感器二次线圈并联接线后，电流互感器一次额定电流为原来额定电流的 1/2 倍，变比减为原变比的 1/2，而容量不变。

例如，LDC-10 型电流互感器，变比 100/5，若一次实际运行电流最大为 30A 时，可将二次线圈并联，并联后其容量不变，变比为 50/5。二次线圈并联后，变比改变，因此要相应地变更测量仪表的倍率，以免造成误差。

【15-9】 如何更换电流互感器及二次线

解： 对电流互感器及二次线进行更换时，除应执行"两票一制"和有关安全规程的规定外，还要注意以下各项要求。

(1) 更换电流互感器

① 个别电流互感器在运行中损坏需要更换时，要选用电压等级不低于电网额定电压、变比与原来的相同、极性正确、伏安特性相近的电流互感器，特别是需经试验合格。

② 需要成组地更换电流互感器时，除应注意上述内容外，应重新审核继电保护定值以及计量仪表的倍率。

（2）更换电流互感器的接线

① 更换二次电缆时，要考虑截面、芯数等必须满足最大负载电流及回路总负载阻抗不超过互感器准确等级允许的要求，并对新电缆进行绝缘电阻测定，应合格，更换后，应进行必要的核对，防止错误接线。

② 新换上的电流互感器或变更后的二次线在运行前必须测定大、小极性。

【15-10】 如何在运行中的电流互感器二次回路上工作

解： 要在运行中的电流互感器二次回路上工作时，必须执行两票一制和安全规程的规定外，还应注意以下要求。

① 工作中禁止将电流互感器二次开路；根据需要可在适当地点将电流互感器二次侧短路，短路应采用短路片或专用短路线，禁止采用熔丝或用导线缠绕。

禁止在电流互感器与短路点之间的回路上进行任何工作。

② 工作中在监护人的监护下，使用绝缘工具，并站在绝缘垫上。

③ 值班人员在清扫二次线时，应穿长袖工作服，戴线手套，使用干燥的清扫工具，并将手表等金属物品摘下。工作中必须小心谨慎，以免损坏元件或造成二次回路断线。

【15-11】 电流互感器投入运行前及运行中应做哪些检查和巡视

解：

（1）运行前检查

① 按有关试验规程的试验项目进行试验并合格。

② 充油电流互感器外观应清洁，油量充足，无渗漏油现象。

③ 瓷套管和其他绝缘物无裂纹破损。

④ 一次侧引线、线卡及二次回路各连接部分的螺栓应紧固，接触良好。

⑤ 外壳及二次回路一点接地应良好。

（2）运行中的检查

① 应经常保持清洁，定期清扫，每 1～2 年进行一次预防性试验。

② 运行过程中应定期检查巡视，各部分接点有无过热及打火现象。

③ 检查电流互感器有无声音、是否正常、有无异常气味，瓷绝缘是否清洁完整。

④ 对充油电流互感器，检查其油面是否正常、有无渗油等现象。

第 16 章
解读移相电容器的操作及故障处理

Chapter 16

【16-1】 **电力系统的负载，大部分是电感和电阻性的，如何提高功率因数**

解： 将移相电容器与负载并联，可使功率因数由 $\cos\phi_1$ 提高至 $\cos\phi_2$。如果电容器补偿得当，功率因数可提高到 1。

【16-2】 **送、配电线路电压损失大如何处理**

解： 对于送、配电线路电压损失大，可将电容器与线路串联，以改变线路的参数，减少线路的电压损失，提高线路末端的电压水平，减少网络的功率损失和电能损失，可以提高线路的输送能力。

【16-3】 **安装移相电容器有何要求**

解： 移相电容器的安装有以下要求。

（1）对环境的要求

① 周围空气温度 $-40\sim+40$℃（对 YL 型电容器为 -25℃），相对湿度不超过 80%，海拔不超过 1000m 的地区。

② 周围环境不含有对金属和绝缘有害的侵蚀性气体和蒸汽以

及大量的尘埃。

③ 周围环境无易燃易爆危险，无剧烈的冲击及振动。

（2）对电容器室的要求

① 电容器室最好为单独建筑物，耐火等级不低于二级。

② 通风良好，百叶窗应加装铁丝网。

③ 室内不应有窗户，门朝北或东。

（3）安装要求

① 要分层安装时，不超三层，层间不要加隔板。母线对上层架构的垂直距离不小于 20cm，下层电容器的底部距离地面要大于 30cm。

② 电容器架构之间水平距离不小于 0.5m，每台电容器之间的距离不小于 50mm。电容器的铭牌应面向通道。

③ 要求接地的电容器，其外壳应与金属架构并联接地，与大地等电位。

④ 电容器在适当部位设置温度计或贴示温片，以便监视运行温度。

⑤ 电容器组应装设相间及电容器内部元件故障的保护装置或熔断器。

⑥ 对高压电容器组容量超过 600kvar 及以上者，应装设差动保护或零序保护，也可分台装设专用熔断器保护。

⑦ 电容器应有合格的放电装置。

⑧ 在户外，电容器应装在台架上，台架底部距地面不小于 3m。

⑨ 户外落地式安装的电容器组，应安装在变、配电所围墙内混凝土的地面上，底部距离地面不小于 0.4m。

⑩ 电容器组应装设不低于 1.7m 高的固定围栏，并采取防止小动物进入的措施。

【16-4】 如何确定移相电容器的连接方式

解： 移相电容器与电力网的连接，两者额定电压必须相符。

（1）三角形连接条件：必须是单相电容器的额定电压与电力网的额定电压相同，才能采取三角形接法，此时若采用星形接线法，因每相电压为线电压的 $1/\sqrt{3}$，又因为 $Q = U^2/X_c$，则无功出力将减小为三角形接法的 1/3，不合算。

（2）星形接线条件

① 单相电容器的额定电压低于电网的额定电压，采用星形接线。

② 可采用几个电容器串联以后（其电容器组的额定电压提高）接成三角形接线。而三相电容器只要其额定电压等于或高于电网的额定电压即可直接接入使用。

（3）注意事项

① 电容器需串联后接入电网的，则每台电容器的外壳对地均应绝缘起来，其绝缘水平应不低于电网的额定电压。

② 中性点不接地的系统中，当电容器采用星形接线时，其外壳也应与地绝缘，绝缘等级也应符合电网的额定电压。将电容器外壳绝缘起来的目的是，防止电容器因过电压而受到损坏。

【16-5】 如何在实际运行中合理选择电容器放电电阻

解：

① 选高压电容器组的放电电阻。从运行实践经验证明，对于高压电容器组，采用电压互感器的一次绕组为放电电阻，是比较好的方法。

② 选低压电容器组的放电电阻。一般可采用两个 220V、15～25W 的白炽灯泡串联，然后接成星形或三角形直接接入电容器组上放电，如图 16-1 所示。

有时，为了减少放电电阻在运行中的电能损失，也可以采用自动装置，使电容器组在断路器断开以后，将放电电阻自动接入。

【16-6】 移相电容器与变压器或电动机绕组的连接方法

解： ① 电容器或电容器组，可直接与变压器或电动机绕组

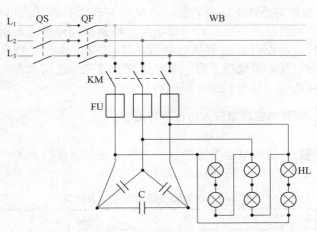

图 16-1　电容器组接入放电电阻原理接线图

相连接，如图 16-2 所示。当断路器断开之后，电容器将通过电动机绕组自行放电，不必再装设放电电阻。

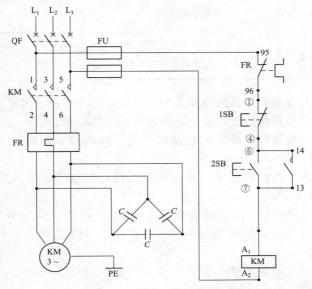

图 16-2　电容器组直接与单方向运转电动机绕组原理接线图

② 装在室外柱上的电容器，不便于安装电容器的放电电阻时，电容器必须制定严格的运行管理制度。特别是在停电进行电容器检修、清扫或检查时，必须进行数次人工放电，执行"两票一制"，使用安全用具，戴绝缘手套、穿绝缘鞋。待残余电荷放尽，才可悬挂临时接地线，挂有关标示牌后再开始工作。

【16-7】 新装电容器组投入运行有何要求

解： 新装电容器组要投入运行，必须满足以下条件。

① 交接试验项目及周期见表 16-1。

表 16-1　电容器交接试验项目及周期

试验项目	周期	标准				
双极对外壳绝缘电阻测量	一年	>1000MΩ				
电容值测量	一年	10.5kV 的电容器不超过出厂实测电容值的 ±5%，6.3kV 及以下的电容器不超过出厂实测电容值的 ±10%				
双极对外壳交流耐压试验/min	二年	额定电压/kV	0.6及以下	1.05	3.15	6.3	10.5
		试验电压/kV	2.1	4.2	15	21	30
起始游离电压测量	二年	起始游离电压不低于 $1.1U_e$，高压放电电流不大于 $1\mu A$				

② 检查电容器及放电设备外观应良好，无渗漏油现象。

③ 电容器组接线正确，电压与电网电压相符合。

④ 电容器组三相间的容量应平衡，其误差不能超过一相总容量的 5%。

⑤ 各接点接触良好，外壳及架构接地的电容器组与接地网的连接应牢固可靠。

⑥ 放电电阻的阻值和容量应符合规定，并经试验合格。

⑦ 与电容器组连接的电缆、断路器、熔断器等电气元件应经试验合格。

⑧ 电容器组的继电保护装置应经校验合格，定值正确，并置于投入运行位置。

⑨ 装有专用接地刀闸者，其刀闸应在断开位置。

⑩ 检查电容器安装处所在地建筑结构，通风设施是否合乎规程要求。

【16-8】 电容器室温超过 +40℃怎么办

解： 应将其退出运行。

【16-9】 电容器母线电压超过电容器额定电压 1.1 倍怎么办

解： 应将其退出运行。

【16-10】 电容器电流超过额定电流的 1.3 倍怎么办

解： 应将其退出运行。

【16-11】 不知道电容器组什么时候必须立即退出运行怎么办

解： 发生下述故障时，电容器均应立即退出运行。

① 电容器组发生爆炸。

② 电容器喷油或起火。

③ 瓷套管发生严重放电闪络。

④ 接点严重过热或熔化。

⑤ 电容器内部或放电设备有严重异常响声。

⑥ 电容器外壳有异形膨胀。

【16-12】 电容器组操作方法

解：

① 正常情况下，全站停电操作：先拉开电容器开关；后拉开各路出线开关。

② 正常情况下，全站恢复送电操作：先送各路出线开关；根据运行负荷情况，再合电容器组开关。

③ 发生事故的情况下，全站无电后，必须将电容器的断路器

拉开。

④ 电容器组断路器跳闸后，不准强送。

⑤ 电容器组保护熔丝熔断后，未查明原因，不准更换熔丝送电。

⑥ 电容器组禁止带负荷合闸。

⑦ 电容器组再次合闸时，必须在断开电源 3～5min 之后才许合闸送电。

【16-13】 电容器组发生故障怎么办

解： 电容器组发生故障后的处理方法如下。

① 要首先拉开电容器组的断路器及其上、下隔离开关。如采用熔断器保护的，则应取下其熔丝管。

② 电容器组经过放电电阻自行放电后，还要进行人工放电。放电时，先将临时接地线的接地端与接地网固定好，再用接地棒多次对电容器放电，直到无火花和放电声为止，最后将接地线固定在电容器上。

③ 如果是电容器的内断、熔丝熔断或引线接触不良，电容器内的残余电荷是不会被放掉的。运行或检修人员在接触故障电容器前，戴绝缘手套、穿绝缘鞋，用短路线短接故障电容器的极间，使其放电。对串联接线的电容器也应单独进行放电。

总之，电容器的极间具有残余电荷的特点，必须设法将电荷放尽，否则容易发生触电事故。

【16-14】 如何摇测移相电容器的绝缘电阻

解：

① 低压电容器的绝缘电阻，用 500V 或 1000V 兆欧表摇测。高压电容器绝缘电阻用 2500V 兆欧表摇测。

② 运行中的电容器摇测绝缘电阻，要执行"两票一制"，使用绝缘安全用具。

③ 低压电容器测试绝缘电阻的接线如图 16-3 所示。用裸导线将电容器三个极的接线柱短封一起。三个接线柱瓷瓶的每一个瓷瓶

上，用软裸导线缠绕 3～5 匝（圈），接至兆欧表"G"接线柱（保护环接线柱）。兆欧表的"L"端子（线路接线柱）接表笔待用，"E"端子（接地接线柱）接另一表笔，表笔另一端接至电容器外壳接地接线柱。

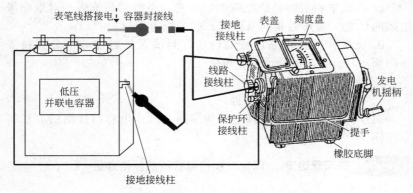

图 16-3　测试低压电容器绝缘电阻接线示意

④ 选用兆欧表：测量低压并联电容器绝缘电阻，选用 500V 或 1000V 的兆欧表。对于预防性试验，兆欧表应有 1000MΩ 的有效刻度线。对于交接性试验，兆欧表应有 2000MΩ 的有效刻度线。

⑤ 电容器绝缘电阻测试前的准备

a. 将电容器停电，静候 3min（自动放电装置放电），人工对地放电（先极对地放电、再极间放电），放到无声音、无火花为止。验电，无电立即接临时接地线、挂有关标示牌。

b. 拆去电容器原接线，将电容器瓷套管等擦拭干净。按照图 16-3 接好线。

⑥ 测试绝缘电阻

a. 绝缘电阻的测量由两人进行，一人戴绝缘手套、穿绝缘鞋、站在绝缘台上，手拿起"L"端子线（线路接线柱）表笔悬空等待搭接，另一人摇动兆欧表摇把，由慢到快转速达到 120r/min 时，令"L"端子线的表笔搭接电容器三个接线柱的短接线，待仪表指针稳定后（约 60s），读取读数并记录。先将"L"端子线的表笔撤离电容器被测端，然后再停止摇动兆欧表的摇把，并立即将电容器进行对地人工放电。放电时注意：只准在电容器三个接线柱的封接线上放电，不准在接线柱上放电，防止电火花损坏接线柱螺纹。

b. 对绝缘电阻 R_{JY} 的要求：预防性试验 $R_{JY} \geqslant 1000\text{M}\Omega$，交接性试验 $R_{JY} \geqslant 2000\text{M}\Omega$ 可视为合格。

c. 测试电容器的绝缘电阻时应注意，电容器只能做相对地绝缘电阻的试验，禁止做相间（极间）的绝缘电阻试验。

d. 无关人员禁止靠近被测设备，测试人员对带电部分保持安全距离（10cm），尽量远离带电体工作。

e. 每次测试前、后都应做人工放电。

f. 必要时可出具试验报告。

对于高压电容器的绝缘电阻的摇测与低压电容器摇测的方法基本相同。

【16-15】 **如何确定变、 配电站移相电容器的补偿容量**

👆 **解：** 如何确定变配电站移相电容器的补偿容量，可根据电力用户的无功负荷进行无功补偿，变、配电站需要装设的电容器组总容量，可由用户最大负荷月的平均有功功率 P，补偿前的最大负荷月的平均功率因数 $\cos\phi_1$ 及补偿后欲达到的平均功率因数 $\cos\phi_2$ 来确定。其算式如下：

$$Q = P(\tan\varphi_1 - \tan\varphi_2)$$

式中　Q——需要装设的电容器组总容量，kvar；

　　　　P——最大负荷月的平均有功功率，kW；

　　$\tan\phi_1$——补偿前月平均功率因数角 ϕ_1 的正切值；

　　$\tan\phi_2$——补偿后月平均功率因数角 ϕ_2 的正切值。

其中，P、$\tan\phi_1$ 可由最大负荷月的有功及无功用电量求出。

例如：某用户为两班制生产，最大负荷月的有功用电量为750000 度，无功用电量为 690000 度，月平均功率因数是多少？欲将功率因数提高到 0.90 时，应装移相电容器组的总容量是多少？

解：根据月无功或有功用电度，由下式求出功率因数角的正切值：

$$\tan\phi_1 = \frac{690000}{750000} = 0.92$$

补偿前功率因数：由 $\tan\phi_1$ 值查三角函数表，得 $\phi_1=42.6°$，则 $\cos\phi_1=0.7359$。

补偿后功率因数：$\cos\phi_2=0.90$，查三角函数表，得 $\phi_2=25.8°$，则 $\tan\phi_2=0.48$。

用户为两班制生产，每日生产 16h。每月按 30 日计算，$16\times30=480$h。

$$P=\frac{750000}{480}=1562.5\;(\text{kW})$$

用户总的无功补偿容量为

$$\begin{aligned}Q&=P(\tan\phi_1-\tan\phi_2)\\&=1562.5\times(0.92-0.48)\\&=687.5\;(\text{kvar})\end{aligned}$$

【16-16】 感应电动机要补偿容量的计算

解： 个别感应电动机要补偿容量时，一般应在电动机空载情况下，将功率因数补偿到 1，而不应以负荷情况计算。这是因为，在空载情况下，将 $\cos\phi$ 补偿至 1，则满载时仍为滞后。而若以负载情况下补偿到 1，则空载（或轻载）时，势必过补偿（即功率因数超前）。在电动机过补偿的情况下，切断电源后，由于电动机的转速不能立即降为零，电容器放电电流将相当于激励电流继续供给电动机，使仍在旋转的电动机变成感应发电机，因而使电动机的端电压超过额定电压许多倍，对电动机绝缘及电容器的绝缘非常不利。所以，个别补偿的感应电动机的补偿容量 Q 可用按下式计算

$$Q\geqslant\sqrt{3}U_e I_0\;(\text{kvar})$$

式中　U_e——电动机的额定电压，kV；

　　　I_0——电动机的空载电流，A。

一般感应电动机的空载电流 I_0 为额定电流的 25%～40%。

设，有一台三相 380V 感应电动机额定功率为 75kW，空载电流为 41A，求单台无功补偿容量。

$$Q\geqslant\sqrt{3}U_e I_0=\sqrt{3}\times0.38\times41=27\;(\text{kvar})$$

【16-17】 **电容器的容量与电压之间的关系是怎样的**

解: 当电网电压发生变化时, 移相电容器的无功容量也将发生变化, 它们之间的关系是, 电容器的无功容量与电压的平方成正比。电压降低时, 其无功容量将按电压的平方成正比减少。移相电容器的无功容量 Q_c 可按下式计算

$$Q_c = \omega C U^2 \times 10^{-3} \qquad (\text{kvar})$$

式中　ω——角频率;

　　　C——电容器的电容值, μF;

　　　U——电容器两端的电压, kV。

由上式可知, 电容器的无功容量与电压的平方成正比。当电压降低时, 其无功容量将按电压的平方成正比减少。

若, 原来 12kvar 的电容器, 当电网电压从 220V 降低到 200V 时电容器容量将降低到 9.9kvar 左右。电网电压每降低 1V, 电容器容量将降低 0.105kvar 左右。

【16-18】 **电容器组何时投入或退出**

解: 移相电容器组投入或退出运行时, 要按规定进行投入或退出。

(1) 电容器的投入, 要根据系统无功负荷电流或负荷功率因数以及电压情况来决定。

(2) 在以下情况下, 必须将电容器组退出运行

① 当电容器母线电压超过电容器额定电压 1.1 倍。

② 电流超过额定电流的 1.3 倍。

③ 电容器室的环境温度超过 40℃时。

(3) 在下列情况下, 应立即退出运行

① 电容器爆炸。

② 电容器喷油或起火。

③ 瓷套管发生严重放电闪络。

④ 接点严重过热或熔化。

⑤ 电容器内部或放电设备有严重异常响声。

⑥ 电容器外壳有异形膨胀。

【16-19】 电容器组拉、合闸的要求

解： 在交流电路中，电容器组禁止带电荷合闸，可能使电容器承受 2 倍以上的额定电压的峰值，对电容器有害。同时，会造成很大冲击电流，可能使熔断器熔丝熔断或断路器跳闸。所以，电容器组每次拉闸之后，必须立即进行放电，待电荷消失后再行合闸。电容器组是不准带电荷合闸的！

从理论上讲，电容器组的放电时间要无穷大才能放完，但是，实际上只要放电电阻选得合适，有 1min 左右放电时间即可满足要求。所以，运行规程中规定：电容器组每次重新合闸，必须在电容器组断开 3min 后进行，以利于安全。

【16-20】 运行中的电容器室、电容器外壳的允许温度

解： 如无厂家的规定，电容器运行室温一般为 $-40 \sim +40℃$。

对氯化联苯浸渍的电容器，其环境温度为 $-25 \sim +40℃$。

电容器外壳最热点允许温度：YY 型电容器为 60℃；YL 型电容器为 80℃。

第 17 章
解读继电保护与二次回路

Chapter 17

【17-1】 **继电保护的用途**

解: 在电力系统运行中，由于电气设备绝缘的老化或损坏以及外力破坏等原因而造成短路事故和不正常运行方式。电力系统各种形式的短路会产生比额定电流大数十倍的短路电流。产生短路电流时，会使电力系统的电压降低、烧毁电气设备、影响用户生产、破坏电力系统稳定、使系统解列造成大面积停电，电力系统发生故障时，必须及时采取措施排除，否则将给国民经济造成重大损失。

继电保护装置的用途，当电力系统出现不正常的运行方式时，能及时发出信号或警报，值班人员得知可立即进行及时处理，当电力系统发生事故时，能自动将故障切除，限制事故扩大。

【17-2】 **如何选择继电保护装置**

解: 选择继电保护装置必须达到"五好"。

① 选择性好。电力系统发生事故时，继电保护区装置能迅速将故障设备切除（断开距离事故点最近的断路设备），保证系统其他部分正常运行。

② 时限性好。有些作为反映电力系统不正常工作状态的保护装置，不要求快速动作，如过负荷保护等都是具有较长动作时限的。

③ 快速性好。事故的快速切除可以缩小事故范围，减轻事故的影响。

④ 灵敏性好。指在保护装置的保护范围内，对发生事故和不正常运行方式的反应能力。

⑤ 可靠性好。继电保护装置应经常处于准备动作状态，当电力系统发生事故时，相应的保护装置应可靠动作。当电力系统正常运行情况下也不应误动。

为了使保护装置动作可靠，除了正确选用保护方案、正确计算整定值以及选用质量好的继电器等电气元件外，还要对继电保护装置进行定期校验和维护，加强对继电保护装置的运行管理工作。

【17-3】 过电流保护和电流速断保护的用途

解： 电力系统的发电机、变压器和线路等电气元件发生故障时，将产生很大的短路电流。故障点距电源愈近，则短路电流愈大。因此，通常采用根据电流大小而动作的电流继电器构成过电流保护和电流速断保护。

① 过电流保护。一般是按避开最大负荷电流来整定。要使上、下级过流保护有选择性，则在时限上应相差一个级差。

② 电流速断保护。是按被保护设备的短路电流来整定的，它没有时限。电流速断保护的缺点是不能保护线路的全长，即存在速断保护的死区。

上述两者保护，要配合使用，作为设备的主要保护和相邻设备的后备保护。

生产中也常采用略带时限的电流速断保护，使线路全长均受到快速保护。时限速断的保护范围不仅包括线路的全部，而且深入相邻线路的无时限保护区的一部分，其动作时限比相邻线路的无时限速断保护大一个级差。

【**17-4**】 如何分清继电保护中定时限或反时限

解: 继电保护的动作时间（时限）是固定不变的，与短路电流大小无关，称定时限保护。定时限保护的时限是由时间继电器获得的，时间继电器在一定范围内连续可调，使用时，可根据给定的时间进行调整。而反时限保护则是指继电保护的动作时间与短路电流的大小成反比，即短路电流越大，保护动作的时间越短，短路电流越小，则保护动作的时间越长。

【**17-5**】 反时限与定时限过电流保护如何进行配合

解: 反时限过电流保护的动作时间，是随短路电流的大小而变化的，定时限过电流保护的动作时间是固定的。为了使上、下级保护有选择性，达到相互配合，要在短路电流的各个点至少保证有 0.7s 的时限级差。

假定上级保护为定时限保护，其一次动作电流为 I_1，动作时间为 t_1。下级为反时限保护，其一次动作电流为 I_2。要求 $I_2 < I_1$，两级动作电流能达到配合。两级保护的一次动作电流之比 $K = I_1/I_2$ 称为配合系数。

如果将反时限保护的动作时间，在 K 倍的反时限保护动作电流（即定时限保护的动作电流 I_1）这一点上调到较 t_1 小 0.7s。在短路电流小于 I_1 时，上级保护不会动作，当短路电流大于等于 I_1 时，两级保护具有大于等于 0.7s 时限级差，能在所有情况下达到时间上的配合。

为了使反时限与定时限过电流保护配合，一般将反时限保护的时限在 2 倍于反时限保护动作电流的这一点上，整定为比上级保护的定时限小 0.7s，即可达到选择性要求。

【**17-6**】 如何计算反时限过电流保护及速断保护的整定值

解: 以 10kV 配电变压器为例，其过电流保护及速断保护的整定值的计算方法如下。

（1）过电流保护

① 继电器动作电流计算

$$I_{de} = (K_k K_{jx} K_{zq}) I_e / K_f K_l$$

式中　I_{de}——动作电流；

　　　K_k——可靠系数，取 1.2～1.3；

　　　K_{jx}——电流互感器接线系数，星形及不完全星形接线时取

　　　　　　1，三角形接线及差接线时取 $\sqrt{3}$；

　　　K_{zq}——电动机自启动系数，取 1.2～3；

　　　I_e——变压器一闪侧额定电流；

　　　K_f——继电器返回系数，取 0.85。

　　　K_l——电流互感器的变化。

② 动作时限的选择

a. 要求变压器保护在变压器低压侧最大短路电流时有 0.5s 的时限。

b. 比上级断路器小 0.5s 的时限。

所以通常在 2 倍动作电流时，取 1～1.5s 的时限。

（2）速断保护

继电器动作电流

$$I = K_k K_{jx} I_d / K_l$$

式中　I_d——变压器低压出口三相短路电流。

可靠系数取 1.3。

【17-7】 GL 型过电流继电器的构造和工作原理

解： GL 型过电流继电器外形如图 17-1 所示。

图 17-1　GL 型过电流继电器外形图

GL 型过电流继电器的基本构造如图 17-2 所示。

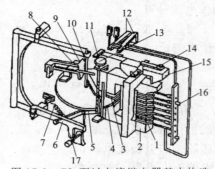

图 17-2　GL 型过电流继电器基本构造

1—线圈；2—电磁铁；3—短路环；4—铝盘；5—钢片；6—铝框架；

7—调节弹簧；8—制动永久磁铁；9—扇形齿轮；10—蜗杆；11—扁杆；

12—继电器触点；13—时限调节螺杆；14—继电器电流调节螺杆；15—衔铁；

16—动作电流调节插销；17—止挡

GL 型电流继电器由感应和电磁两部分构成。

（1）感应部分的动作原理　感应部分有反时限的特性，感应元件中的电磁铁极面分为两个部分，其中一部分套有短路环，当线圈中通过电流时，在铁芯中将产生两个磁通，它们在不同的位置穿过圆盘，并有一个相位差。根据电磁感应的原理，将产生转动力矩，在这一转矩的作用下，圆盘开始转动。当继电器电流线圈中流过的电流等于动作电流时，转速达到足以克服弹簧的反作用力而使方框转动，此时扇形齿轮将与蜗杆啮合，随着扇形齿轮的上升，经过一定时间，扇形齿轮的杠杆碰到扁杆，扁杆上升使电磁铁的铁芯与衔铁之间的空气隙减小到某一距离时，衔铁便被吸向铁芯，继电器常开触点闭合，扁杆同时动作使信号牌落下。

（2）电磁部分的动作原理　电磁部分是瞬时动作的，在正常情况下，衔铁的左半部分比右半部分重，因此衔铁右半部分电磁铁间有一空隙。当电流线圈通有瞬动的动作电流时，将衔铁吸向铁芯，继电器常开触点瞬时闭合。动作电流的大小，可由衔铁右端的空气隙来调节。它的动作时间为 0.05～0.1s。返回系数约为 0.4。

GL 型电流继电流器的特点如下。

① 有过电流的功能。

② 有速断的功能。

③ 有信号指示功能。

电流线圈具有抽头，可用来调节电流。通过电流调节杆，改变扇形齿轮的初始位置，可调节动作时限。由于扇形齿轮上升的速度与电流大小成正比，其动作具有反时限的特性。感应部分的返回系数为 0.85 左右（返回系数：继电器返回值与启动值之比）。

接点有其动作特点：常开触点先闭合，常闭触点后断开，是为了防止电流互感器二次开路。但是，结构复杂、精度不高、电磁部分工作返回系数较差。

【17-8】 **DL 型电流继电器如何增大动作电流**

解： DL 型电流继电器的实物外形及内部结构如图 17-3 所示，常用于变、配电系统，是继电保护电路中很重要的电器元件。

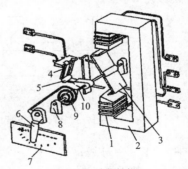

(a) DL型电流继电器实物外形　　　(b) 内部结构

图 17-3　DL 型电流继电器实物外形及内部结构图

1—线圈；2—电磁铁；3—钢舌片；4—静触点；5—动触点；6—电流调节杆；

7—标度盘；8—轴承；9—反作用弹簧；10—轴

要增大其动作电流时，DL 型电流继电器内部接线如图 17-4 所示，内部有两个电流线圈，采用连接片将两个电流线圈串联或并联，由串联改并联时动作电流可增大 1 倍。

动作电流的调整如下。

① 粗调可以改变 DL 型电流继电器的两个电流线圈的串联或并

联的连接。

② 细调改变对螺旋弹簧的松紧力。

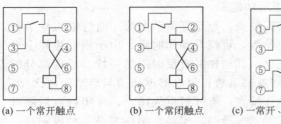

(a) 一个常开触点 (b) 一个常闭触点 (c) 一常开、一常闭触点

图 17-4 DL 型电流继电器内部接线图

【17-9】常闭触点的反时限保护的特点

解: 常闭触点的反时限保护原理图如图 17-5 所示。

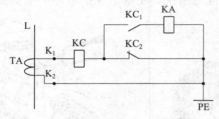

图 17-5 常闭触点反时限保护原理图

图中 L——母线；

   KC——电流继电器；

   TA——电流互感器；

   KA——中间继电器。

正常运行情况下，电流互感器的二次电流经电流继电器 KC 的线圈，由 KC_2 常闭触点短接。当被保护设备发生故障时，短路电流经 KC 线圈，若短路电流达到它的整定值时，电流继电器 KC 开始动作，KC_1 常开触点闭合，KC_2 常闭触点断开，短路电流经中间继电器 KA 线圈，使断路器跳闸，切断故障。

【**17-10**】　**单相变压器如何纵联差动保护接线**

　解： 变压器的纵联差动保护，由其两侧的电流互感器和电流继电器等构成，如图 17-6 所示。

　　在两个电流互感器之间的所有电气元件及引线均包括在保护范围之内。

　　当电流互感器 TA_1 及 TA_2 的特性一致，变比选择适当，在正常运行情况下，在保护区外发生短路时，则 I_1 和 I_2 在数值上和相位上均相同，此时流过电流继电器的差电流 $I_0 = I_{TA1} - I_{TA2} = 0$，保护装置不动作。当在保护区内发生短路故障时，$I_{TA1} \neq I_{TA2}$，流过电流继电器的差电流 I_0 不再是零，电流继电器 KC 将会动作，使断路器跳闸，起到保护作用。

　　对于三绕组变压器，进行差动保护的原则与双绕组的一样，但是，变压器三侧都装设电流互感器。

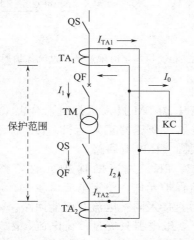

图 17-6　变压器纵联差动保护原理接线图

【**17-11**】　**三相变压器定时限速断、过流保护**

　解： 三相变压器定时限速断、过流保护原理接线图如图 17-7

所示。

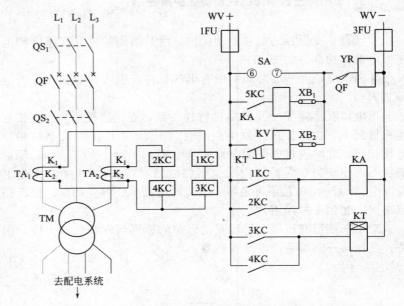

图 17-7　三相变压器定时限速断、过流保护原理接线图

工作原理：变压器 TM 投入运行时，合上 QS₁，再合上 QS₂，最后合上 QF 断路器，变压器正常运行。QF 断路器辅助常开触点闭合，接通跳闸线圈 YR 电流回路。

电路中，1KC、2KC 为速断保护元件，整定电流值较大，3KC、4KC 为过流保护元件，整定电流值较小。1KC、3KC 串联或 2KC、4KC 串联后，接入同一电流互感器回路。

在正常情况下，继电器只流过负荷电流，因为负荷电流小于速断保护元件和过电流保护元件的整定电流值，继电器不会动作，变压器的控制跳闸保护回路不动作。

① 变压器过电流保护：当变压器低压出线端出现过负荷时，由于过负荷电流很大，超过 3KC 或 4KC 整定电流值时，3KC 或 4KC 动作，3KC 或 4KC 的常开触点闭合，时间继电器 KT 线圈得

电动作，KT 的常开触点延时闭合，KV 电压继电器得电动作，发出过电流报警，因为流过电压继电器 KV 线圈的电流很小，流入跳闸线圈 YR 电流也很小不会动作，所以断路器 QF 不会跳闸。

② 变压器速断保护：当变压器高、低压发生短路故障时，短路电流最大，超过 1KC 或 2KC 整定电流值时瞬时动作，1KC 或 2KC 常开触点瞬时闭合，KA 中间继电器线圈得电动作，KA 常开触点闭合，5KC 电流继电器得电动作，发出报警，由于流过电流继电器线圈的电流很大，流入跳闸线圈 YR 的电流也很大，跳闸线圈得电动作，断路器 QF 跳闸，QF 常开触点断开，切断跳闸线圈 YR 电流。

③ 若有生产特别需要，故障时不让变压器停止运行，可将压接板 XB$_1$ 置于断开位置。当发生故障时，只有过电流报警，断路器 QF 不会跳闸。

④ 变压器停止运行：合上 SA 开关，SA 的⑥、⑦触点闭合，跳闸线圈 YR 得电动作，断路器 QF 跳闸，变压器停止运行。

【17-12】过电流保护的主要用途

解： 过电流保护主要用于变压器、电容器、大功率电动机等大型电气设备的定时限速断和过电流保护。

【17-13】三相变压器反时限过流保护

解： 三相变压器反时限过流保护原理接线图如图 17-8 所示。

反时限过电流保护的动作时间是可变的，随过电流大小而变化，过电流大，动作时间快，过电流小，动作时间慢。继电保护动作时间与过电流的大小成反比关系。过电流保护常用 GL 型电流继电器。

工作原理：正常情况下，1KC 或 2KC 过流继电器中流过的是负荷的额定电流，其电流小于电流继电器的整定值，感应转盘在负荷额定电流作用下匀速转动，过流继电器不动作，当变压器高压进线端、低压出线端中发生故障，以及低压系统过负荷时，流入

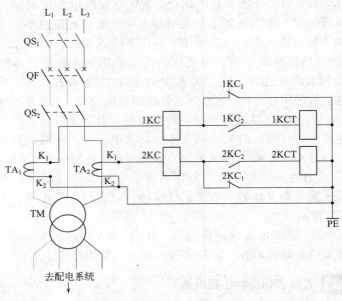

图 17-8 三相变压器反时限过流保护原理接线图

1KC 或 2KC 电流继电器的电流大于整定值，感应过流元件启动，经规定时间动作，过电流继电器接点转换，其常开触点闭合后，常闭触点断开，大电流流入断路器的过电流脱扣器 1KCT 或 2KCT，断路器可靠跳闸，切断电源。

【17-14】 低压电容器组双三角形差动保护的原理及接线

👆解： 总容量较大的电容器组，采用差动保护，一般装设相间短路保护，另外还要求装设电容器内部元件保护。常用于双三角形接线的电容器组，其原理接线图如图 17-9 所示。

在正常运行时，由于电容器组两臂的容量是相等的，所以 $I_{A1}=I_{A2}$；$I_{B1}=I_{B2}$；$I_{C1}=I_{C2}$，继电器 1KC～3KC 中没有不平衡电流流过，KC 继电器不会动作。当任意一台电容器发生故障时，故障臂的电流增大，电流互感器二次产生很大的差电流，当超过整

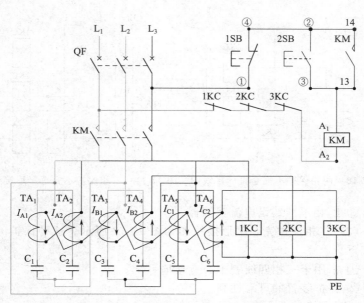

图 17-9　双三角形电容器组差动保护原理接线图

定电流值时，KC 电流继电器动作，KM 交流接触器跳闸将故障切除。

差动保护的定值，正常按电容器全部元件 50％～70％发生故障的情况来整定，要求大于不平衡电流的 1.5 倍。

【17-15】 电流保护常用的几种接线

解： 电流保护是变、配电等重要电气设备的主要继电保护设备，按照不同的要求，采用不同的电流保护方式与接线方式。

（1）采用两相保护不完全星形接线图如图 17-10 所示。采用三相保护不完全星形接线图如图 17-11 所示。这两种保护接线的用途和特点如下。

① 适用于 10kV 三相三线中性点不接地系统的进、出线保护。

② 图 17-11 中增加了 1 个电流继电器 3KC，它能够反映 L_2 的电流大小情况（L_1、L_3 两相电流之和等于 L_2 相电流）。

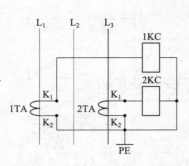 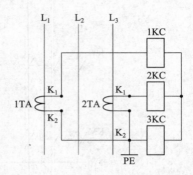

图 17-10　两相保护不完全星形接线图　图 17-11　三相保护不完全星形接线图

③ L₂ 相不准装设电流互感器。

（2）三相保护完全星形接线图如图 17-12 所示。这种保护的特点如下。

① 常用于三相四线制中心点接地系统。

② 保护装置的可靠性高。

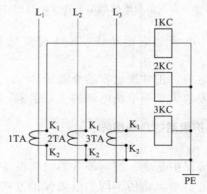

图 17-12　三相保护完全星形接线图

（3）两相差动保护接线图如图 17-13 所示，这种结构简单，但是，保护的可靠性差，灵敏度不高。

（4）三相保护角形接线图如图 17-14 所示，用于中性点接地系统，但是，对于单相接地故障不能保护。

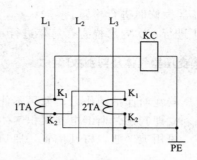

图 17-13　两相差动保护接线图

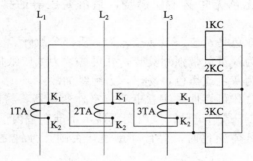

图 17-14　三相保护角形接线图

【17-16】 继电保护装置的校验周期

解： 为保证在电力系统故障的情况下继电保护装置能正确动作，对运行中的继电保护装置及二次回路应定期进行校验和检查。

（1）35kV 及以上的用户

① 一般每年进行一次校验。

② 当继电保护装置进行设备改造、更换、检修后以及发生事故后，都要对其进行补充校验。

（2）10kV 用户，每两年进行一次校验。

（3）变压器的瓦斯继电器

① 要结合变压器大修时进行检验。

② 一般每 3 年进行一次内部检查，每年进行一次充气试验。

【17-17】 如何收集变压器气体及判别故障

解： 当变压器瓦斯保护动作后，如果不能明确判断是变压器内部故障时，必须立即判别瓦斯继电器聚积气体的性质。

（1）收集气体　可用玻璃瓶，将其倒置，瓶口靠近瓦斯继电器的放气阀来收集气体。

（2）判别气体的性质

① 气体无色无味又不能燃烧，是由变压器油排出的空气引起的。

② 气体颜色是黄色，不易燃，为木质部分故障。

③ 气体为淡黄色带强烈臭味，并可燃，为纸或纸板故障。

④ 气体为灰色或黑色，易燃，为绝缘油故障。

⑤ 判别气体可燃性时注意事项：室外变压器，将收集的气体，远离变压器在下风口试验；室内变压器，不准在室内试验。

⑥ 判断气体颜色时，要行动迅速，否则几分钟之后颜色即将消失。

【17-18】 继电保护装置及二次线系统巡视检查

解： 变配电室值班人员，要对继电保护装置及二次线系统定期巡视检查，其主要内容如下。

① 各类继电器外壳有无破损，整定值的指示位置是否变动。

② 继电器触点有无卡住，变位倾斜、烧伤及脱轴、脱焊等情况。

③ 感应型继电器的铝盘转动是否正常，经常带电的继电器触点有无大的抖动及磨损，线圈及附加电阻有无过热现象。

④ 压板及转换开关的位置是否与运行要求一致。

⑤ 检查各种信号指示是否正常，有无异常声响。

⑥ 检查导线各接点有无发热、冒烟及烧焦等异常气味。

【17-19】 **如何维护运行中的继电保护装置**

解： 要维护运行中的继电保护装置，应注意下列事项。

（1）巡视检查中

① 有异常现象，要加强监视并立即向主管部门报告。

② 继电保护动作断路器跳闸后，要检查保护动作情况，查明原因。恢复送电前，应将所有的掉牌信号全部复位。

③ 值班人员对继电保护装置的操作，一般只允许接通或断开压板、切换开关及装卸熔丝等。

（2）在二次回路上工作时

① 在二次回路上的一切工作，均应遵守《电气安全工作规程》有关规定。

② 二次回路的工作应有与现场设备符合的图纸为依据，不应单凭记忆进行操作。

【17-20】 **主变压器差动保护动作后的处理**

解： 主变压器差动保护动作后，判断动作原因，要做如下检查。

① 观察主变压器套管、引线以及差动保护区内有无故障痕迹。

② 检查直流回路是否两点接地。

③ 检查电流互感器二次侧有无开路或端子接触不良。

变压器的差动保护动作，是由上述原因造成，则经处理后，变压器可继续投入运行；如确实为变压器内部故障，则应停止运行。

【17-21】 **运行中发现断路器的红、绿指示灯不亮的处理**

解： 运行中的断路器的绿指示灯亮，表示合闸回路完好；红指示灯亮表示跳闸回路完好。如果两个指示灯都不亮，会影响值班人员监视和观察断路器的位置，以致发生故障时无法进行判断。可能影响红、绿指示灯不亮的原因是

灯泡不亮的原因如下。

① 灯泡损坏（灯丝烧断）。

② 灯泡回路接触不良。

③ 断路器的辅助接点接触不良以及断路器已跳闸。

④ 合闸线圈断线或控制母线电源熔丝熔断等原因造成。

此项检查工作由两人进行，除应遵守安全要求外，还要特别注意，防止直流接地或短路。检查顺序，先检查灯泡回路，再检查跳、合闸线圈及辅助接点回路，发现问题立即处理。

【17-22】 中央信号装置的作用

解： 中央信号装置是监视变电站电气设备运行的各种信号装置的总称。其作用如下。

① 正常运行时，它能显示出断路器和隔离开关的合、分位置，反映出系统的运行方式。

② 不正常运行时，它能通过灯光及音响设备发出信号，运行值班人员根据信号的指示可迅速、准确地判断事故的性质、地点、范围，采取恰当的措施进行处理。

中央信号装置的分类如下。

① 事故信号装置及作用

a. 音响信号。当电气设备发生事故时，用它来召唤和通知运行值班人员。

b. 灯光信号。能显示出事故的性质、范围，主保护的动作情况，如事故跳闸的断路器，其位置指示类闪光就属于灯光信号。

② 预告信号装置及作用

a. 警铃响。是电气设备出现异常或危及安全的事故，如变压器过负荷及温度过高等。

b. 光字牌。在其中指出运行设备出现的异常或故障内容，运行值班人员可根据信号及时进行处理。

③ 位置信号装置及作用

a. "指示灯红带"显示隔离开关位置。红灯亮表示断路器已接通，绿灯亮表示断路器已断开。

b. "指示灯红带"与模拟盘上模拟线方向一致表示隔离开关接

通，与模拟线垂直表示断开。它是依靠隔离开关的辅助触点通过磁化电枢两个位置互为 90°的线圈来带动的。

c. 指示灯发出闪光，是手柄位置与断路器实际位置不对应。

【17-23】 断路器发生跳跃的处理

解： 断路器跳跃时，对供电系统会造成严重影响，断路器本身容易损坏甚至爆炸。

断路器跳跃一般有以下原因。

① 主回路没有故障，由于断路器机构或辅助接点接触不良，继电器触点卡住等。

② 主回路确有故障，断路器合闸于故障点，继电保护动作使断路器跳闸，而这时断路器的操作手柄尚未复位或自动装置的触点卡住等，使断路器发生多次跳合的现象。

防跳跃原理接线图如图 17-15 所示。

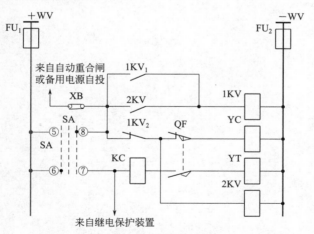

图 17-15　防跳跃原理接线图

工作原理：合上 SA 开关，SA 的⑤、⑧接点接通，电压继电器 2KV 和合闸线圈 YC 同时得电动作，断路器 QF 合闸，QF 常开触点闭合，其常闭触点断开；2KV 的常开触点闭合，电压继电器

1KV 得电动作，1KV₁常开触点闭合，1KV₂常闭触点断开，电压继电器 2KV 失电停止动作，2KV 常开触点断开。如果此时合闸操作手柄未复位或自动装置的触点卡住，则电压继电器 1KV₁的常开触点而自保持，其常闭触点 1KV₂在断开位置，将合闸回路断开，使断路器不至多次合闸而发生跳跃。

第18章
解读直流操作电源

Chapter 18

【18-1】 直流操作电源的种类

解：

（1）蓄电池组 是一个独立可靠电源，它与系统的运行情况无关，可以在完全停电的情况下保证操作、保护、信号等重要负荷的供电。一般只在对直流电源有特殊需要的220kV中枢变电所采用。

（2）硅整流及电容补偿装置 这种直流操作、保护电源，有投资少、安全可靠和便于维护等特点，在35kV及以下的工业企业变、配电所中广泛采用。

【18-2】 蓄电池浮充电是怎么回事

解： 蓄电池与直流母线上的充电机并联运行时，充电机要经常负担直流负荷，并且还供给蓄电池以适当的充电电流，用来补充蓄电池自放电，这种充电方式叫浮充电。

浮充电的目的：使蓄电池经常能保持满足负荷的容量，保证有可靠的电源。

以浮充电方式运行的蓄电池，每隔一定时间，必须使其极板的物质进行一次比较大量的充、放电反应，以此来检查蓄电池容量，并发现落后蓄电池，以便处理，保证蓄电池的正常运行。其方法如下。

① 将浮充电流增大，使铅酸电池电压保持在 2.35V，碱性蓄电池电压保持在 1.5V。

② 充电持续时间为 5h，等电解液密度较低的蓄电池中的电解液密度增加后，即可恢复正常的浮充电方式运行。

③ 对于碱性电池，要求每个蓄电池的电压都恢复到 1.5V 后，才可转为正常浮充电方式。

运行中的蓄电池会出现个别蓄电池落后，一般是由于自放电电流大或极板短路。为了使这种蓄电池尽早恢复正常，对个别蓄电池在不退出运行的情况下，可进行过充电处理。

【18-3】 铅酸蓄电池核对性定期充、放电程序

解：

(1) 铅酸蓄电池核对性的定期充、放电程序

① 放电。用 10h 放电率电流进行放电，当电压降低为 1.8V 或放出容量达到额定容量的 60％时，即为放电完毕。

② 充电。以 10h 放电率电流进行充电，待电池电压升至 2.45V 后，即将充电电流降为最大充电电流的 60％以下，随电池电压的上升及电池内气泡大量出现，可将电流降为最大充电电流的 50％或 40％。

(2) 对充电电池内气泡的要求

① 电池内气泡不能太大。

② 充电 3h 后，溶液的密度不变化。

③ 密度的绝对值不能低于放电前的水平。

④ 充入容量不小于放出容量的 120％。

【18-4】 如何判断充、放电是否完成

解：

(1) 判断铅酸蓄电池放电是否完成

① 电池电压要降至 1.8V。

② 正极板变为褐色，负极板发黑。

③ 电解液密度一般降至 $1.15\sim1.17g/cm^3$。

（2）判断铅酸蓄电池充电是否完成

① 正、负极板上发出强烈气泡。

② 电解液在温度＋15℃时，密度增加到 $1.20\sim1.21g/cm^3$，而且在 3h 内保持不变。

③ 每个电池的电压增加到 $2.5\sim2.75V$，而且在 3h 内保持不变。

④ 正极板变成褐红或暗褐色，负极板变成灰色。

【18-5】 铅酸蓄电池室或电解液对温度的要求

解:

铅酸蓄电池室的温度要求：室温要常年保持 10～30℃。

电解液的温度要求如下。

① 电解液的温度为 15～35℃最合适。

② 由于电解液的密度为 $1.15g/cm^3$ 时，−15℃结冰；密度为 $1.2g/cm^3$ 时，−27℃结冰。所以在不损坏设备和保证负荷需要的原则下，电解液的运行温度定为−5～＋40℃。

【18-6】 如何判断蓄电池过充电或欠充电

解: 蓄电池过量充电，超过其额定容量称为过充电。而蓄电池充电不足，达不到其额定容量，则称为欠充电。

（1）蓄电池过、欠充电不良影响

① 对碱性蓄电池过、欠充电的耐性较大，只要不太严重，发现后及时处理，对其寿命影响不大。

② 对铅酸蓄电池过充电，会造成极板提前损坏；欠充电会使负极极板硫化而缩短蓄电池的使用寿命和降低容量。可能影响保护装置和自动投入装置或重合闸的成功率，对事故处理和倒闸操作十分不利，会影响安全运行。

（2）判断铅酸蓄电池的过、欠充电

① 过充电。正、负极极板的颜色较鲜艳，蓄电池室内的酸味

较大，蓄电池内气泡较多，正极极板有大量的脱落物。

② 欠充电。正、负极极板的颜色不鲜明，蓄电池室内酸味不明显，蓄电池内气泡极少，电压低于 2.1V，负极极板有大量的脱落物。

【18-7】 蓄电池如何巡视检查

解： 要想保证变、配电所有可靠的直流电源，使蓄电池运行完好，必须进行下列巡视检查。

（1）直流母线电压应正常，浮充电电流适当，无过、欠充电现象。

（2）抽测蓄电池电压、电解液密度及温度应正常，其要求如下。

① 浮充电时：电池电压保持在 $2.1 \sim 2.2V$，充、放电时的电压不得低于 $1.8 \sim 1.9V$。

② 电解液密度在 $1.215 \sim 1.229 g/cm^3$ 之间。

③ 液温保持在 $15 \sim 35℃$ 之间。

（3）蓄电池极板的检查

① 颜色是否正常、有无断裂、弯曲、短路。

② 有无生盐及有效物脱落等现象。

③ 木隔板、铅卡子应完好，无脱落现象。

④ 液面应高于极板 $10 \sim 20mm$。

（4）蓄电池外部及室温要求

① 蓄电池外壳应完整，无倾斜，表面应清洁。

② 各个接头连接应紧固，无腐蚀现象并涂有凡士林油。

③ 通风及其他附属设备应完好，室内无强烈气味。

④ 蓄电池室温保持在 $10 \sim 30℃$。

⑤ 浮充电设备运行正常；直流系统绝缘良好；对碱性蓄电池，还要检查瓶盖是否拧好，出气孔应畅通。

第 19 章
解读整流电路

Chapter 19

解： 要了解整流电路，首先要了解晶体二极管（或称二极管），它是用半导体材料制作的两端器件，一般由一个 PN 结、管壳和电极引线等组成。晶体二极管的结构及符号如图 19-1 所示。晶体二极管符号的上端即 PN 结的 P 端，称为阳极或正极，下端的 N 端为阴极或负极，其箭头表示正向电流的流动方向。

在电路中，要把交流变成直流，即为整流电路。整流电路中离不开晶体二极管，所以要对晶体二极管有所了解和认识。

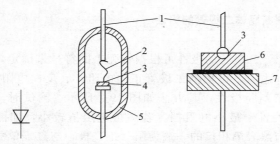

(a) 符号　　(b) 点接型晶体二极管　　(c) 面接型晶体二极管
图 19-1　晶体二极管结构及符号

1—引线；2—金属丝；3—P 型区；4—N 型锗片；5—玻璃外壳；6—N 型硅片；7—支架

点接型晶体二极管［图 19-1（b）］：由于 PN 结的接触面积很小，通过的电流也很小，但极间的电容也很小，适用于高频信号的检波和脉冲开关电路。

面接型晶体二极管［图 19-1（c）］：PN 结接触面积大，可通过较大电流，适用作整流元件，但是，由于极间电容也很大，因此，不适用于高频电路。

晶体二极管可分为普通二极管、整流二极管、开关二极管、稳压二极管及光电二极管等。

晶体二极管型号组成如表 19-1 所示。

表 19-1　晶体二极管的型号组成

一	二	三	四	五
电极数	材料与结构	类型	同类型的序号	规格号
2 极二极管	A——N 型，锗 B——P 型，锗 C——N 型，硅 D——P 型，硅 E——化合物材料	P——小信号管 Z——整流管 W——电压调整、电压基准管 K——开关管 L——整流堆 C——变容管 S——隧道管 N——阻尼管	1、2、3… 11、12、13…	表示同一型号器件某些参数有差别，可在型号后面附加 A、B、C 等 以 示区别

【19-2】 判断晶体二极管的极性

解： 二极管的极性可根据管壳上的符号来确定，如果标志不清或无标志时，可根据二极管正向电阻小、反向电阻大的特点，用万用表来判断极性，其方法如图 19-2 所示。测试时，将万用表的转换开关置于最小电阻挡，若测得电阻值较小，如图 19-2（a）所示，则与黑表笔相接的一端为阳（正）极，与红表笔相接的一端为阴（负）极。反之，若测得电阻值较大，如图 19-2（b）所示，则与红表笔相接的一端为阳（正）极，另一端为阴（负）极。

　　因为晶体二极管是单向导通的元件，所以测量出来的正向电阻值与反向电阻值相差越大越好；若测得正、反电阻值接近时，此二极管已失去单相导电的作用；若测得正、反向电阻值都很大，则二极管内部已断路；若测得正、反向电阻值都很小或为零时，说明二极管已被击穿了。

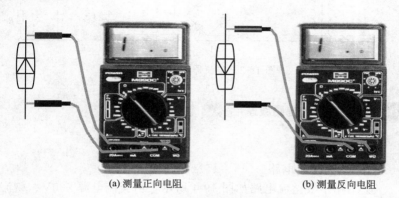

(a) 测量正向电阻　　　　　　　　　(b) 测量反向电阻

图 19-2　二极管极性判别方法

【19-3】　什么是整流电路

　　解：　利用二极管单向导电的特性，将交流电转变成直流电的过程称为整流。根据交流电源的不同，分为单相整流和三相整流两种；按整流的方式不同，又分为半波整流和全波整流两类。

　　日常所说的整流器，就是将交流电转变成直流电的设备。整流器一般由整流变压器、整流电路、滤波器等组成，如图 19-3所示。

　　上面的电路中，整流变压器是将输入的交流电压降低或升高为整流电路所需的电压值；整流电路是将交流电变成方向不变但是大小随时间变化的脉动直流电；滤波器是将脉动直流电变为较平直的直流电供给负载。

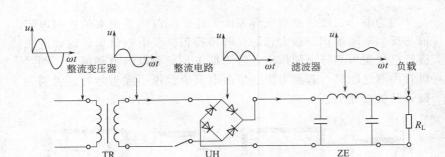

图 19-3 整流器电路示意图

【19-4】 常用整流电路原理

解:

(1) 单相整流电路

① 单相半波整流电路如图 19-4 所示,由交流电源 220V、整流变压器 TR、整流二极管 VD 和负载 R_L 组成。图中瞬时电流 a 为正极,b 端为负极。

② 单相升压全波整流电路如图 19-5 所示,根据负荷的需要,可将交流电压进行升压后再整流。单相升压全波整流,实际上是由两个单相半波电路组成。

③ 单相降压全波整流电路如图 19-6 所示,单相桥式整流电路是由 4 个二极管组成的桥式电路。

(2) 三相整流电路 三相整流电路具有三相负载平衡、整流脉

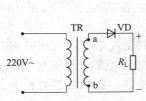

图 19-4 单相半波整流电路

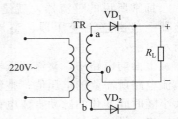

图 19-5 单相升压全波整流电路

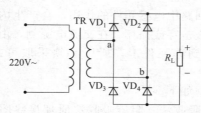

图 19-6　单相降压全波整流电路

动小、整流变压器利用率高等优点，适用于要求脉动较小的整流和大功率整流。

　　① 三相半波整流电路如图 19-7 所示。

　　② 三相桥式整流电路如图 19-8 所示。

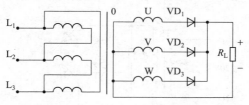

图 19-7　三相半波整流电路

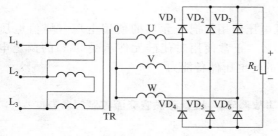

图 19-8　三相桥式整流电路

【19-5】　**硅整流器过电压保护**

解： 硅整流器在运行中，投入或断开交流电源及熔断器熔丝熔断时，由于回路中电感元件的作用，会产生内部过电压作用于硅元件上，使它被击穿或损坏。在交流电源侧，由于某种原因引起过电压也会反应到硅元件上，所以必须采取可靠的过电压保护措施。

具体保护措施如下。

① 采用阻容吸收法。阻容吸收法原理接线图如图 19-9 所示。在图中将电阻 R 和电容 C 串联后并联在回路中，当回路中产生过电压时，由于电容 C 上的电压不能突变，延缓了过电压的上升速度，同时，短路掉一部分高次谐波电压分量，使硅元件上出现的过电压不会在短时间内增至很大。串联电阻 R 用来限制电容器充、放电电流和防止回路中产生电容、电感振荡。

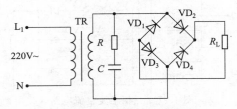

图 19-9　阻容吸收法原理接线图

② 降低电压使用。把硅元件的使用电压（峰值电压）降至额定电压的 50%，正常使用时使硅元件承受 50% 的额定电压，让硅元件有足够的过电压储备能力。

【19-6】　**当事故停电，硅整流失去交流电源怎么办**

👆**解：**　当电力系统发生故障时，有可能使硅整流失去交流电源，也就使得继电保护装置和断路器失去直流操作电源而拒动。

为了保证直流电源的可靠供电，要在保护回路中装设储能电容器。当发生故障时，可以利用储能电容器储存的能量，作为继电保护装置动作电源使断路器掉闸。

【19-7】 **什么叫逆止阀**

解: 逆止阀是具有单相导电性能的电气元件，装在电路中用于阻止电流流过。因为断路器跳、合闸信号、控制、保护回路共用一个直流电源，当故障发生时，储能电容器会向上述各回路放电，消耗相当多的电能，因此要求很大容量的储能电容器，很不经济。为了防止除保护回路以外的其他设备不必要地消耗能量，使故障时继电保护装置可靠动作，保证断路器跳闸，迅速切除故障点，要安装这种具有单向导电性能的电气元件。

【19-8】 **如何检查保护回路与直流母线间装设的逆止阀**

解: 运行中的逆止阀要加强监视和维护。一般在交接班时，应做逆止阀的反向性能试验，即断开直流母线与保护回路之间的刀闸使电容器放电，如果保护回路的电源监视指示灯不亮，则说明逆止阀运行良好。

【19-9】 **如何测量硅整流器的绝缘电阻**

解: 硅整流器要测量绝缘电阻时，可用万用表电阻挡进行测量。严禁使用兆欧表测量硅整流器的绝缘电阻。这是因为兆欧表一般电压很高，而对工作电压不高的硅元件，摇测时可能击穿硅元件。

【19-10】 **储能电容器的监视灯不亮怎么办**

解: 储能电容器的监视灯不亮的原因有下面几种。
① 监视灯本身故障，灯泡已经坏或接触不良等。
② 储能电容器击穿损坏，分组熔丝熔断。
③ 电容器老化或者断路以及接头开焊等。
发现指示灯不亮时，应及时进行处理，以保证继电保护装置的

可靠性。如属于第①种情况不会影响继电保护装置的正常运行。但是，属于第②、③种情况时，则会使储能电容器失去作用，影响继电保护装置的正确动作，使断路器不能掉闸。

第 20 章
解读安全用具方面

Chapter 20

【20-1】 如何使用高压验电器

解: 高压验电器又称高压测电器，10kV 高压验电器由金属钩、氖管窗、固紧螺钉、护环和握柄等组成，如图 20-1 所示。

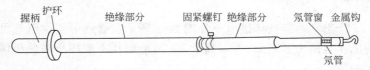

图 20-1 10kV 高压验电器示意图

使用高压验电器的注意事项如下。

① 注重握柄部分不能超过保护环。

② 使用前应在确有电源处测试，证明验电器是良好的，方可使用。

③ 验电时应逐渐靠近被测体，直至氖泡发光，只有氖管发亮时，才可与被测物体直接接触。

④ 测试时，必须戴高压绝缘手套、穿绝缘鞋，站在绝缘台上。测试工作必须由两人进行，一人监护，一人操作。

⑤ 在室外气候条件不好如雨、雪、雾及湿度较大的情况下不

能进行验电工作,以确保人身安全。

⑥ 测试时,要防止发生相间或相对地短路事故。人与带电体应保持安全距离:10kV 高压为 0.7m。

⑦ 使用高压验电器正确与错误手握法如图 20-2 所示。

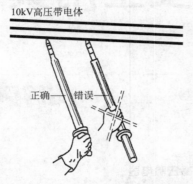

图 20-2　使用 10kV 高压验电器正确与错误手握法示意图

【20-2】 如何使用低压试电笔

解: 普通低压试电笔如图 20-3 所示。普通低压试电笔可测试的电压范围为 60~500V,高于 500V 的电压不能用普通低压试电笔来测量。

测试电压时的注意事项如下。

① 使用试电笔之前,检查试电笔内有无安全电阻、试电笔是否损坏、有无受潮或进水,检查合格后才能使用。

② 测试时,手指握住试电笔身,食指触及笔身金属体(尾部),试电笔的小窗口朝向自己的眼睛,如图 2-4 所示。

③ 在使用试电笔正式测量电气设备是否带电之前,要在低压带电设备上测试试电笔是否良好,氖管能正常发光,然后再测量电气设备是否带电。

④ 在明亮的光线下或阳光下测试带电体时,要注意避光测试,以防光线太强观察不到氖管是否发光,造成误判。

⑤ 在测试操作中,对带电体保持安全距离,低压带电体安全

距离为 0.1m。

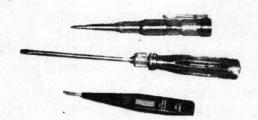

图 20-3　普通低压试电笔实物图

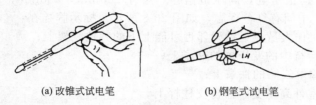

(a) 改锥式试电笔　　　　　　　　(b) 钢笔式试电笔

图 20-4　试电笔的正确握法示意图

【20-3】 如何使用标示牌

解： 标示牌有四类七种。

（1）禁止类

①"禁止合闸，有人工作！"。尺寸 200mm×100mm 或 80mm×50mm，白底红字，如图 20-5 所示。检修线路挂此牌，挂在一经合闸即可送电到施工线路的断路器设备和隔离开关的操作手柄上。

②"禁止合闸，线路上有工作！"。尺寸 200mm×100mm 或 80mm×50mm，红底白字，如图 20-6 所示。检修线路挂此牌，挂在一经合闸即可送电到施工线路的断路器设备和隔离开关的操作手柄上。

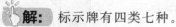

禁止合闸
有人工作！

禁止合闸
线路有人工作！

图 20-5　禁止类标示牌（一）　　　　　　图 20-6　禁止类标示牌（二）

（2）警告类

①"止步高压危险！"。尺寸 250mm×200mm，白底红边黑字，有红色危险标志，如图 20-7 所示。标示牌挂在：

a. 工作地点邻近带电设备的遮栏上；

b. 室外工作地点的围栏上；

c. 室外电气设备的架构上；

d. 禁止通行的过道上；

e. 高压试验地点。

②"禁止攀登，高压危险！"。尺寸 200mm×250mm，白底红边黑字，中间有红色标志，如图 20-8 所示。标示牌挂在：

a. 工作人员上下铁架邻近可能上下的其他铁架上；

b. 运行中的变压器的梯子上；

c. 输电线路的铁塔上；

d. 室外高压变压器台支柱杆上。

图 20-7 警告类标示牌（一）

图 20-8 警告类标示牌（二）

（3）准许类

①"在此工作！"。尺寸 250mm×250mm，绿底中有 ϕ210mm 白圈，圈中黑字，分两行，如图 20-9 所示。标示牌挂在室内和室外允许工作地点或施工设备上。

②"从此上下！"。尺寸 250mm×250mm，绿底中有 ϕ210mm 白圈，圈中黑字，分两行，如图 20-10 所示。标示牌挂在允许工作人员上下的铁架、梯子上。

（4）提醒类　如"已接地！"：尺寸 240mm×130mm，绿底黑字，如图 20-11 所示。标示牌应挂在已接地线的隔离开关的操作手柄上。

图 20-9　准许类标示牌（一）

图 20-10　准许类标示牌（二）

图 20-11　提醒类标示牌

【20-4】 什么时候要戴安全帽和护目镜

解： 电工安全帽（图 20-12）应由绝缘材料制作。电工在高空作业和进入工地工作时必须戴安全帽进行保护，防止意外事故发生。

使用安全帽的注意事项如下。

① 使用前检查，外观是否有裂纹、碰伤、凸凹不平、磨损，帽衬是否完整，帽衬的结构是否处在正常状态，对安全性能有明显影响的缺陷应及时报废。

② 使用时，不能随意在安全帽上拆卸、添加附件，以防止影响安全性能。

③ 不能随意调节帽衬的尺寸。

④ 使用时将安全帽戴正、戴牢，不能晃动，系紧下颚带，调节好后箍，防止安全帽脱落。

⑤ 不准随意在安全帽上打孔、碰撞，当板凳坐，以影响其强度。

⑥ 受过一次冲击或做过试验的安全帽不能再用。

⑦ 注意安全帽是在有效期内使用。

⑧ 不能存放在有酸、碱或化学试剂污染的环境中，也不能放置在高温、日晒或潮湿的场所中，以免其老化变质。

护目镜是防止物体飞溅从而伤害眼睛的保护用品，护目镜应能将眼睛全部防护住，如图 20-13 所示。普通的平光镜不能作为护目镜用。护目镜分有色和无色两种，在有电弧耀眼时，应使用有色护目镜。

图 20-12 安全帽

(a)有色护目镜　　　　　(b)无色护目镜

图 20-13 护目镜

【20-5】 如何使用绝缘鞋和绝缘手套

解： 穿绝缘鞋是防止跨步电压、接触电压的电击伤害的防护用品，如图 20-14 所示。高压绝缘鞋每半年应做一次耐压试验。要求在使用前仔细检查，确认在上次试验的有效期内。鞋底花纹是否磨平、扎伤。绝缘鞋严禁作为雨鞋使用。

绝缘手套如图 20-15 所示，分为高压和低压绝缘手套。绝缘手套每半年应做一次耐压试验，每次使用前均要确认在上次试验的有效期内，并仔细检查是否有破损、孔洞。防止孔洞不易查出，可用充气挤压法检查是否漏气，如图 20-16 所示。绝缘手套只许在带电作业时使用，严禁作为他用，保存时，不许与其他工具、仪表等混放，不可受到油污。

图 20-14　绝缘鞋

图 20-15　绝缘手套

图 20-16　绝缘手套
充气挤压法检查

【20-6】 **如何装临时接地线**

解： 防止在检修设备或线路中发生突然来电使检修人员触电事故，唯一办法是采用临时接地线，将突然来电短接拦在检修设备或线路之外，保证检修人员的安全。由于电源被接地短路后，产生大电流，电源保护开关会迅速跳闸切断电源。

（1）临时接地线的检查项目

① 临时接地线为多股软裸铜线，截面不小于 25mm^2（导线外有无色透明绝缘的，也视为裸导线）。临时接地线如图 20-17 所示；

② 临时接地线要求无背花、无死扣。接地线与接地棒的连接要牢固，没有松动现象。

③ 接地棒的绝缘各部分无裂纹、无碰伤、完好无损。

④ 接地线卡子或线夹在与软铜线连接时，应牢固、无松动现象。

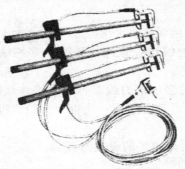

图 20-17　临时接地线

（2）装临时接地线的要求

① 接临时接地线由值班人员进行。根据工作票的要求，操作票指定的设备或线路进行操作，停电、放电、验电证明设备或线路确实无电后，立即挂临时接地线，并将临时接地线编号。

② 接临时接地线要先接接地端，与 PE 线可靠接地同大地等电位，后接应接地的设备或线路导体端。

③ 对于可能送至停电设备或线路的各方面或停电设备可能产生感应电压的都要装设临时接地线。接临时接地线由两人进行，必须戴绝缘手套，穿绝缘鞋。

④ 如果是分段母线在断路器或隔离开关断开时，各段分别验电，无电挂临时接地线后，才能进行检修。变压器全部停电后，应将各个方面可能来电侧的部位均装设临时接地线。

⑤ 在室内配电盘母线装临时接地线时，不能接在相色漆上。

⑥ 临时接地线应接在工作人员在工作地点可以看得见的地方。

⑦ 接临时接地线与检修的设备或线路之间不能通过保险或开关。

⑧ 电容器或电缆接临时接地线时，必须先放电，放到无声音、无火花后才能接临时接地线。

⑨ 同杆架设的多层电力线路接临时接地线时，先接低压侧，后接高压侧；先接下层，后接上层；先接"地"后接"火"。

⑩ 变、配所是单人值班时，只允许使用接地隔离开关。

⑪接了临时接地线的设备或线路，必须在其开关的手柄上挂"已接地！"标示牌。

（3）拆临时接地线的要求

① 拆临时接地线也要戴绝缘手套、穿绝缘鞋。先拆导体端，后拆接地端。

② 在同杆架设多层电力线路拆临时接地线时，先拆高压，后拆低压；先拆上层，后拆下层；先拆"火"后拆"地"。拆临时接地线必须两人进行。

③ 拆除了临时接地线的设备或线路，其开关手柄上挂的"已接地！"标示牌要同时拆掉。

【20-7】 如何使用临时遮栏

解： 电气设备检修时，检修场所距带电部分太近，工作人员与带电体不在安全范围之内，用禁止类遮栏将工作人员与带体隔离开，防止触电事故的发生；或电气设备做高压试验时，将被试验的电气设备用禁止类遮栏圈起来，防止外来人进入接触到被测试的设备而触电等。常用的临时遮栏如图 20-18 所示。

临时遮栏在室内或室外在使用上有所不同。

(a) 高压警戒围带

(b) 伸缩式临时遮栏

图 20-18　常用的临时遮栏

① 室内。用临时遮栏将带电运行设备围起来，遮栏上挂"止步，高压危险！"标示牌，牌面朝外。在对配电屏后面设备进行检修时，要将配电屏后面的网状遮栏门或铁板门打开，其他带电运行盘的网状遮栏或铁门关好并加锁。

② 室外。使用临时遮栏将停电检修设备围起来（留有检修通道）。将"止步，高压危险！"标示牌挂在遮栏上。牌面朝内。

【20-8】 绝缘站台和绝缘垫的使用

解: 绝缘站台板用木板或木条制成。用木条制站台板面时，相邻板条之间距离不能大于 2.5cm，绝缘站台不得有金属件，四脚用高压瓷瓶支持台板与地面绝缘，支持高度约 10cm，如图 20-19 所示。要求站台板面边绝缘不得伸出高压瓷瓶之外，防止站台翻倾导致工作人员摔伤。

绝缘站台的最小尺寸为 0.8m×0.8m，最大尺寸为 1.5m×1.0m。绝缘垫用厚度为 8mm 左右的橡胶制成，表面有防滑条纹。尺寸不小于 0.8m×0.8m。绝缘站台和绝缘垫都是辅助安全用具。

图 20-19 绝缘站台

【20-9】 如何使用高压绝缘拉闸杆（绝缘杆）和高压绝缘夹钳

解:

（1）高压绝缘拉杆 高压绝缘拉杆使用前的检查：连接部分是否拧紧，外观清洁、无油垢、无裂纹、无断裂、无毛刺、无划痕及明显变形等。高压绝缘拉杆如图 20-20 所示。

高压绝缘拉杆使用注意事项如下。

① 使用高压绝缘拉杆时，戴绝缘手套，穿绝缘鞋。两人进行，一人监护，一人操作。

② 手握绝缘拉杆必须限制在允许范围之内，不得超出防护罩或防护环。

③ 室外在雨雪天气里尽量不进行拉闸操作，必须要拉闸操作时，要使用装有防雨伞形罩的绝缘拉杆，要使罩的下部保持干燥。

④ 在使用中防止碰撞，损坏绝缘拉杆的表面绝缘层。

⑤ 使用后，保存在干燥的地方，如放在特制的架柜内，放置

时不得与墙或地面接触，防止损伤绝缘层和变形。

⑥ 绝缘拉杆每年一次定期进行耐压试验。

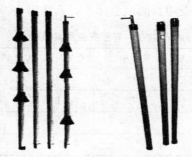

(a) 防雨高压绝缘拉杆　　(b) 一般高压绝缘拉杆

图 20-20　高压绝缘拉杆

图 20-21　高压绝缘夹钳外形

（2）高压绝缘夹钳

由胶木、电木或用亚麻油浸煮过的木材制成，其外形如图 20-21 所示。

高压绝缘夹钳使用注意事项如下。

① 只能在户内使用，电压在 35kV 以下电力系统中拆卸高压熔断器工作。高压绝缘夹钳不得用于 35kV 以上高压电力系统。

② 使用高压绝缘夹钳操作时，必须两人进行，一人监护，一人操作。戴绝缘手套，穿绝缘鞋，站在绝缘台上操作。

③ 使用后，保存在特别的箱内，防止受潮降低绝缘强度。

④ 高压绝缘夹钳每年一次定期进行耐压试验。

【20-10】 高压安全用具的试验标准

可参照高压安全用具的试验标准，具体见表 20-1。

表 20-1 高压安全用具试验

名称	电压等级/kV	试验周期/月	交流耐压/kV	时间/min	备注
绝缘拉杆 绝缘夹钳	6～10	12	44	5	
	35～154	12	4 倍相电压	5	
试电笔	6～10	6	40	5	
	20～35	6	105	5	
绝缘手套	电压等级高压	6	9	1	泄漏电流 ≤9mA
绝缘靴	电压等级高压	6	15	1	泄漏电流 ≤7.5mA

第 21 章
解读变电站值班安全工作

Chapter 21

【21-1】 变配电站值班工作要求

解： 即将要进入变配电站工作时，首先做好如下工作。

(1) 熟悉和掌握变、配电站全面情况，做到心中有数

① 变、配站中的各项规程制度，必须熟悉，并要认真执行。

② 对变、配电站中的运行方式、操作要求及步骤必须掌握。

③ 对变、配电站中的主要设备的技术要求、运行和负荷情况必须全面掌握。

④ 对变、配电站中的全部继电保护电路、定值及保护范围必须掌握清楚。

⑤ 熟悉安全技术措施和组织措施，必须认真执行。

⑥ 能够做到独立进行倒闸操作、查找、分析和处理设备发生异常原因及故障处理。

(2) 在变、配电站工作要求

① 按照一、二次系统接线图，能熟练地进行操作及故障处理。

② 根据单线系统图，熟练、准确无误地进行合闸送电、拉闸停电的倒闸工作。

③ 单人值班时，不准做维修工作，只要对运行中的设备认真巡视检查，发现异常做好记录，及时报告有关管理人员。

④ 在巡视检查工作中，注意与带电体保持安全距离；6～10kV 的电力设备，有遮拦时不小于 0.35m，无遮拦时不小于 0.7m。

【21-2】 变、配电站值班人员主要工作任务

解：

变、配电站值班人员的主要工作任务如下。

① 巡视检查各种仪表是否正常运行，当设备发生异常情况时，准确果断地排除故障。

② 运行负荷发生变化、设备变动状况，调整运行方式，配合检修人员，完成各项检修、试验的工作任务。

③ 准确无误地记录运行日志，按时抄表、报表。

④ 对设备的存有缺陷时，要及时进行维护、保养，不断提高设备的良好率。

⑤ 调荷节电，是一项很重要的工作。

⑥ 做好并保持变、配站内的清洁卫生，文明值班，工作有条理。

⑦ 非变、配电站人员进入或参观等，必须进行登记，否则不准入内。

⑧ 在值班时间内不许做与本工作无关的事，更不准擅自离开工作岗位。

⑨ 加强管理仪器仪表及安全用具：对仪器仪表，要存放在专用的箱柜中；绝缘拉杆应悬挂在支架上，但是不准与墙面接触；绝缘鞋、靴存入橱内，不准代替雨靴使用；绝缘手套存入密封橱柜内，与其他工具、仪表分开保存。

【21-3】 变、配电站内巡视检查内容和要求

解：

① 对运行的电气设备进行巡视检查，只准看、听、闻或通过红外测温仪等，认真进行分析，发现小问题，能及时处理的及时处理，不能及时处理的要安排时间尽快处理。如发现重大异常问题时，要及时上报有关部门。

② 室内暖气装置有无漏水或漏汽；检查门、窗是否完整，开闭是否灵活；照明或事故照明是否完好齐全；检查进出口变、配电站的防鼠网是否完好。

③ 进行巡视检查时，不准进入设备的遮栏内。

④ 巡视检查工作要求由两人进行。一般不准单人进行巡视检查。

【21-4】 巡视检查中发现高压单相接地故障时怎么办

解： 发现高压单相接地故障时，巡视检查人员立即向后转，走出带电区域。人员均要远离接地故障点。如果是室内高压单相接地故障，要距离故障点 4m 外，如果是室外单相接地故障，要距离故障点 8m 外，防止跨步电压触电。

防止扩大故障，设法报告有关人员，断开故障电源。

【21-5】 变、配电站内发生火灾怎么办

解： 如果是电气着火，首先断开着火的电源；如果是一般物体着火，首先将着火点周围的易燃易爆物搬走，并立即用灭火器进行灭火，防止火烧到电气设备。

（1）一般物体着火

① 可使用喷雾水枪，如图 21-1 所示。使用时，注意不要将水雾喷到电气设备上，防止造成电气事故。

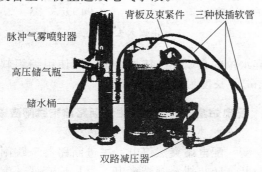

图 21-1　喷雾水枪实物图

② 最好使用 1211 灭火器，如图 21-2 所示。其使用方法：将 1211 灭火器拿到着火地点，手提灭火器上部（不要倒置），用力紧握压把，开启阀门，原压在钢瓶内的灭火剂即可喷出。灭火时，要将喷嘴对准火源，左右扫射，并向前推进，将火扑灭。

图 21-2　1211 灭火器实物图

（2）电气着火

① 扑灭电气火灾常用灭火器有：二氧化碳灭火器、干粉灭火器，如图 21-3，还有卤代烷（1211）灭火器。

② 若采用喷雾水枪灭电气火灾时，灭火人员必须穿绝缘鞋、戴绝缘手套，喷雾水枪的金属喷嘴可靠接地与大地等电位。

(a) 二氧化碳灭火器　　　　　(b) 干粉灭火器

图 21-3　二氧化碳灭火器和干粉灭火器

注：喷雾水枪的金属喷嘴接地线，必须使用编织软铜线，截面要大于 $2.5mm^2$，长度为 20～30m。

【21-6】　变、配电站全站突然停电主进断路器未跳闸应该怎么办

解：变、配电站突然停电，主进断路器未跳闸时，首先将主进断路器断开，防止线路突然来电。然后检查变、配电站内是否

有故障，如果没有故障，再将变、配电站内所有分支路开关依次断开后，可用高压试电笔测试主进电源端是否有电，如果无电，则为外线停电，要与供电调度部门联系，说明停电原因，等候来电后再将变、配电站内电源恢复。

【21-7】 变、配电站内主进电源断路器突然跳闸全站停电应该怎么办

解： 如果查明电源有电，而电源断路器跳闸，属于变、配电站内的设备有故障越级跳闸。当电源断路器跳闸后，应立即将电源断路器上、下两侧的隔离开关也断开，检查变、配电站内保护装置和全部设备，找出故障设备，分析故障原因，得出结果，断开有故障设备的电源开关，退出运行。做好记录，申请故障处理报告。

将变、配电站内正常良好的设备，恢复送电运行，并加强巡视检查，发现问题及时处理。还要进行交接班工作，加强24h对设备的巡视检查。

【21-8】 变、配电站内以及配出的架空线路开关掉闸怎么办

解： 凡是变、配电站内开关掉闸后，必须立即进行检查，查明原因，找到故障点，将故障点切除或处理后方可合闸送电。如果开关掉闸后立即合闸送电，有可能造成第二次故障掉闸。配出的架空线路开关掉闸后，同样不能立即合闸送电，也要查明原因，找出故障点进行处理或切断故障点。让架空线路处于良好状态时，才能合闸试送电，送电后的架空线路必须加强巡视检查，发现问题及时处理。

【21-9】 高压少油断路器开关看不见油面怎么办

解： 高压少油断路器开关看不见油面，可能是漏油或缺油，应立即解除继电保护，将掉闸压板断开，取下操作保险，不让断路器掉闸。将所带负荷倒出或在负荷端停掉负荷后，再将少油断路器停电处理。

【21-10】 **高压断路器开关的瓷瓶、 瓷套管发生闪络、 断裂怎么办**

解： 要立即停电处理！

【21-11】 **断路器的分、 合闸失灵怎么办**

解： 断路器的分、合闸失灵时，要做以下检查。

（1）操作机构的检查

① 检查分、合闸铁芯是否卡住；脱扣三联板中间的连接轴的位置是否合适。

② 检查合闸托架与滚轴配合是否合适，传动轴、杆是否掉落。

③ 检查分闸杆是否合适。

（2）操作回路的检查

① 检查操作回路和主合闸回路的熔断器的熔丝是否熔断或接触不良。

② 检查直流电压是否正常。

③ 检查继电保护是否动作。

④ 检查开关辅助接点和操动机构的接点是否接触良好。

⑤ 操作把手接点是否接通等。

【21-12】 **在操作中带负荷错拉、 合隔离开关时怎么办**

解： 在操作中带负荷错拉隔离开关，在拉时又未完全断开，出现弧光时，应立即合上；如果已拉开，禁止再合上。

【21-13】 **电压互感器一次侧熔丝熔断怎么办**

解： 电压互感器一次侧熔丝熔断，二次侧未熔断时，退出运行，电压互感器必须摇测绝缘电阻，绝缘电阻合格后方可试送电，如果熔丝再次熔断，不准再送电，要进行检修和试验。

【21-14】 **电压互感器一次侧熔丝未熔断， 二次侧熔丝熔断怎么办**

解： 电压互感器一次侧熔丝未熔断，而二次侧熔丝熔断时，首先检查电路有无短路故障，如未发现异常现象，可用合格的熔丝换上试送电，如果熔丝再次熔断，要全面检查线路，找出短路故障点处理好为止，否则不许合闸送电。

【21-15】 **电压、电流互感器瓷套管表面放电或破裂、漏油并冒烟等怎么办**

 解： 要立即停电进行处理！

【21-16】 **电流互感器有异常声响怎么办**

 解： 电流互感器发生异常声响，仪表指针指示异常，在二次回路中有打火现象时，必须立即停电检查二次回路中是否开路，也可减少负荷进行处理。

【21-17】 **如何判断、 处理10kV系统发生单相接地故障**

 解：

10kV系统发生单相接地故障时：接在电压互感器二次开口三角形两端的电压继电器动作，发出接地故障信号；故障相电压指示下降，非故障相电压指示升高，并随故障的发展电压指针而摆动；如果是弧光性接地时，接地相电压指示指针摆动比较大，非故障相电压指示升高。

（1）处理方法

① 非属本变、配电站的接地故障，及时向上一级有关单位报告故障原因。

② 实属本变、配电站内故障时，如瓷绝缘损坏、小动物电死未移开、电缆端头击穿等，发现问题及时处理，消除故障。

③ 如本变、配电站内未查出故障点时，可按现场规定，试拉各配电出线开关，发现故障点及时报告有关部门进行处理。

（2）注意事项

① 在试拉各配电出线开关时，先拉三级负荷，对一、二级负荷尽可能采取倒路的方式维持运行。

② 在查找故障点时，严禁用隔离开关直接断开故障点。

③ 查找故障时，由两人进行，穿戴防护用品，使用安全用具，防止跨步电压伤人。

④ 接地系统要求在 2h 内将故障处理完毕。

⑤ 当确认与接地故障无关的回路立即恢复运行，而对故障回路必须将故障消除后才可恢复运行。

【21-18】 如何判断变压器故障是否停止运行

解：

（1）运行中的变压器出现下列情况必须停止运行，查明原因并及时处理：

① 变压器内部有严重的放电声和撞击声；

② 变压器突然温度不断上升；

③ 从防爆管口往出喷油；

④ 变压器油内发现炭质，油色老化过甚；

⑤ 变压器发生火灾；

⑥ 变压器缺相运行，如一次侧熔丝熔断等。

（2）在下列情况下不能将变压器停止运行，可采取下列措施：

① 变压器过负荷时，要及时调整和限制负荷；

② 变压器油温升过高时，要查明原因，检查温度表是否正常；检查冷却装置是否正常；检查变压器室内通风是否良好。

③ 变压器油面显著下降时，可立即补油。注意，要将重瓦斯跳闸回路断开。

④ 因油温上升，引起油面升高时，高出油位指示计限度时，可适当放油，防止油溢出。

⑤ 变压器气体保护信号装置动作时，要查明动作原因，及时处理。

（3）变压器开关掉闸，经查不是变压器内部原因引起的，将故障处理后，变压器可重新投入运行。

第 22 章
解读电气设备运行管理

Chapter 22

【22-1】 **对长期运行的电气设备应如何管理**

解: 要求定期进行电气设备的预防性试验和继电器保护装置的年度校验。要与历次试验结果对比分析。

【22-2】 **用电单位有哪些规程和制度**

解: 用电单位应有下列规程和制度。

① 电气安全工作规程（包括安全用具管理）。

② 电气运行操作规程（包括停、限电操作程序）。

③ 电气事故处理规程。

④ 电气设备维护检修制度。

⑤ 岗位责任制度。

⑥ 电气设备缺陷管理制度。

⑦ 调荷节电管理制度。

⑧ 电工培训考核制度。

⑨ 变、配所（室）门卫制度。

⑩ 运行交接班制度。

⑪ 电气设备巡视检查制度。

【22-3】 用电单位对所属用电设备，要建立健全哪些管理资料

解： 用电单位应保证以下资料完整、正确、可靠。

① 用电设备建筑平面分布图（标明用电设备总容量）。

② 配电线路平面分布图（标明线路参数）。

③ 变配电所（室）平面布置图。

④ 电气装置隐蔽工程竣工图（如电缆、接地装置等）。

⑤ 变配电系统操作模拟图板。

⑥ 电气设备二次接线系统图。

⑦ 运行值班日志。

⑧ 检修工作记录。

⑨ 工作票、操作票记录。

⑩ 缺陷管理记录。

⑪ 人身和设备事故分析记录。

⑫ 安全、经济运行指示图表。

⑬ 供、用电双方及有关单位的用电协议（如产权分界、容量、维护协议等）文件和上级通知等。

【22-4】 如何建立变、配电所（室）的每台（组）电气设备的档案

解： 电气设备档案内容如下。

① 厂家说明书。

② 设备卡片，包括设备型号、容量、额定电压、额定电流、厂名、厂号、出厂日期及地点和调度编号等。

③ 检修记录，包括小修及大修项目、检修日期、检修负责人、验收负责人、更换部件及存在问题等。

④ 缺陷记录，包括缺陷内容、性质及严重性、发现时间、处理结果和日期。

⑤ 事故报告，包括事故简题、事故的经过和性质、处理结果、存在问题及所采取的措施等，以及报告填写人、填写日期。并要求，设备发生事故应及时填写报告。

⑥ 检修记录及试验记录报告，应经主管电气负责人审核无问题后，才能存入设备档案内。

⑦ 主管电气负责人每年应对主要设备进行一次绝缘分析，并写出绝缘分析鉴定报告，存入设备档案内。

【22-5】 高压配电装置检修后还要哪些手续才能投入运行

解： 高压配电装置检修后，要经过质量检查、试验合格。检查，试验等工作完成后，主管电气技术负责人还要对检修质量和试验结果进行审查，合格后方可投入运行。

【22-6】 带有出气瓣的充油设备， 运行前应做什么

解： 要求投入运行前必须将胶垫取下，以保证在运行中的畅通。

【22-7】 高压配电装置扩建、 改建或接线方式变更后应该怎么办

解： 要求变配电所（室）的操作模拟图板及时变更模拟图板，使其符合现场实际。开关及隔离开关的拉合状态要与设备运行状态相一致。

【22-8】 在高压配电装置设备区内存有易燃易爆物品及其他杂物怎么办

解： 要求易燃易爆物品及其他杂物不准堆放在室外高压配电装置设备区内和高压开关室内。要将所有的易燃易爆物品及其他杂物立即清除，还要求在高压配电装置设备区内，不得种植高杆及爬蔓类植物。

【22-9】 变配电所 （室） 应配备哪些用具和器材

解：

（1）变配电所（室）应配备下列用具和器材

① 各种安全用具、临时接地线、各种标示牌及其他常用工具。

② 常用的便携式仪表（包括绝缘摇表、电压表、万用表、直流电桥等）。

③ 急救箱、手电筒。

④ 有效的消防器材等。

（2）在重要的变配电所（室）内配备下列各种备品、备件

① 熔丝管及熔丝。

② 各种瓷瓶（包括瓷套管）。

③ 开关、隔离开关、负荷开关等的附件和部件。

④ 电缆终端头及制作材料。

⑤ 各种避雷器、绝缘油。

⑥ 照明及信号指示用的各种灯泡（管）及其他附件。

【**22-10**】**如何对高压配电装置周期性巡视检查**

解:

（1）对高压配电装置周期性巡视检查要求

① 有人值班的变配电所（室），每班巡视一次；无人值班的变配电所（室），每周至少巡视一次。

② 遇有恶劣天气（如大风、暴雨、冰雹、雪、霜、雾等）时，要对室外电气设备要进行特殊巡视。

③ 处在污秽地区内的变配电所（室），要对室外的电气设备的巡视周期，根据天气情况和污秽源性质及污秽程度来确定。

④ 在电气设备发生重大事故处理后，又恢复送电运行中，对事故范围内的设备，要进行特殊巡视。

⑤ 电气设备存在缺陷或过负荷时，要适当增加巡视次数。

（2）在巡视检查中的安全要求

① 人与带电体保持安全距离。要求巡视检查不准动手，要通过人的感觉器官仔细分析。发现异常现象时，要及时处理，并做好记录。对于重大异常现象要及时报告。

② 变配电所（室）内，根据电气设备的布置状况确定合理的巡视路线，并尽量使巡视路线最短。

③ 严禁个人巡视检查时，做与巡视检查无关的工作。并要求出入高低压室时要随手关门，以防小动物进入室内。

【22-11】　如何巡视新投入运行或大修后投入运行的电气设备

解： 要求在 72h 内加强巡视，无异常情况后，才可按正常周期性进行巡视。

【22-12】　高压配电装置有异常声响怎么办

解： 高压配电装置发生异常声响时，要求及时查明原因，并及时处理。正常巡视中的主要内容如下。

① 各种充油设备的油面位置合格，油色正常。阀门、油面指示计等处应清洁，无渗油现象。

② 所有瓷绝缘部分（包括瓷瓶、瓷套管等）应无掉瓷、破碎、裂纹及闪络放电痕迹和严重的电晕现象。瓷绝缘表面应清洁，涂有硅脂（油）的瓷绝缘应不超过有效期。

③ 各部位的连接点应无腐蚀及过热现象。监视温度的示温蜡片或变色漆应无熔化或变色现象。

④ 无异常声响。

【22-13】　高压油开关内无油时怎么办

解： 高压油开关内发现无油时，严禁进行拉、合闸本高压油开关。特种情况下，只能断上一级高压油开关或降低负荷。

要求对高压油开关经常进行如下巡视检查。

① 电容型的瓷套管，填充的胶脂应无外溢现象。

② 拉、合闸油位指示器的标志应清楚，指示位置应正确，与指示灯的指示相一致。

③ 装于室外的高压油开关，操作箱防雨罩应严密。

④ 液压或气压传动机构的压力应合格，无漏。

【22-14】 如何对变配电所（室） 进行特殊巡视检查

解: 特殊巡视检查内容如下。

(1) 不同天气时

① 雨后，检查电气设备和架构的基础有无下沉、倾斜；电线、电缆沟内是否进水，房屋是否漏雨。

② 雷雨后，检查雷电记录器的动作情况，并记录在运行日志上；检查其他电气设备的瓷绝缘部分有无闪络放电现象。

③ 降雪后，检查室外电气设备上积雪情况，并检查瓷瓶上结冰情况，特别是在雨雪交加的天气，若冰柱过长，可用电压等级合适的绝缘棒将其轻轻打掉。

④ 降雾和霜后，检查瓷绝缘部分有无严重放电闪络等，污秽地区更要加强巡视。

⑤ 刮大风时，检查室外高压配电装置区域附近有无易刮起的杂物。

(2) 电气设备运行异常时

① 电气设备过负荷运行时，要重点检查各部连接点的发热情况。

② 电气设备发生事故后，重点检查继电保护装置的动作情况，要做好记录；对事故范围内的设备也要检查；检查导线有无烧伤、断股；充油设备的油色是否正常，有无喷油；瓷绝缘有无烧伤、闪络及碎裂等。

第23章
解读倒闸操作

Chapter 23

【23-1】 **电气设备调度范围的划分**

解： 必须熟悉电气设备调度范围的划分。凡属供电部门调度设备，均应按调度员的操作命令进行操作。

【23-2】 **不受供电部门调度的双电源（包括自发电）用电单位如何并路倒闸**

解： 要求倒闸时，先停常用电源，后合备用电源。

【23-3】 **倒闸操作时如何带负荷拉、合断路器开关**

解： 要严格执行下列要求。

（1）送电与停电

① 送电时，先合隔离开关，后合断路器；停电时，拉合顺序与此相反。

② 断路器两侧的隔离开关的操作顺序：送电时，先合电源侧隔离开关，后合负荷侧隔离开关，再将断路器合上。停电时，先将断路器断开，再将电源侧隔离开关拉开，最后拉开负荷侧隔离开关。

③ 变压器两侧（或三侧）开关操作顺序：停电时，先停负荷

侧开关，后停电源侧开关；送电时，顺序与此相反。

④ 单极隔离开关及跌开式熔断器的操作顺序：停电时，先拉中相，后拉两边相；送电时，顺序与此相反。

（2）注意事项

① 双母线接线的变电所，当出线开关由一条母线倒换至另一条母线供电时，应先合母线联络开关，而后再切换出线开关母线侧的隔离开关。

② 倒闸操作中，要注意防止通过电压互感器二次反回高压。

【23-4】 35～110kV 隔离开关拉、合空载变压器或架空线路的操作范围

👏 解：隔离开关能拉、合空载变压器或架空线路范围见表 23-1。

表 23-1 35～110k 隔离开关拉、合空载变压器或空载架空线路的范围

名称	110kV 带消弧角三联隔离开关	35kV 带消弧角三联隔离开关	35kV 室外单极隔离开关	35kV 室内三联隔离开关	GW$_2$-35 隔离开关
拉、合空载变压器	20000kV·A	5600kV·A	—	1000kV·A	3600kV·A
拉、合空载架空线路	—	32km	12km	5km	
拉、合人工接地后无负荷接地线路		20km	12km	5km	

但是，用各种隔离开关和跌开式熔断器拉、合电气设备时，应按照制造厂的说明和试验数据确定的操作范围进行操作。无此项资料时，系统在正常运行情况下，可拉、合下列电气设备。

① 可以拉、合电压互感器、避雷器。

② 可以拉、合母线充电电流和开关的旁路电流。

③ 可以拉、合变压器中性点直接接地点。

【23-5】　**10kV 隔离开关和跌落式熔断器拉、合空载电缆线路长度**

解： 10kV 隔离开关和跌开式熔断器拉、合空载电缆线路长度见表 23-2。

表 23-2　10kV 隔离开关和跌开式熔断器拉、合空载电缆线路长度

电缆截面/mm²	室外隔离开关、跌开式 熔断器拉、合和长度/m	室内三联隔离 开关拉、合长度/m
3×35	4400	1500
3×50	3900	1500
3×70	3400	1200
3×95	3000	1200
3×120	2800	1000
3×150	2500	1000
3×185	2200	800
3×240	1900	—

【23-6】　**10kV 隔离开关和跌开式熔断器拉、合空载变压器或线路范围**

解： 10kV 隔离开关和跌开式熔断器拉、合空载变压器或架空线路范围见表 23-3。

表 23-3　10kV 隔离开关和跌开式熔断器拉、合空载变压器或架空线路范围

名称	室外三联 隔离开关	室外单极 隔离开关	室内三联 隔离开关	跌开式 熔断器
拉、合空载变压器	560kV·A	560kV·A	320kV·A	560kV·A
拉、合空载架空线路	10km	10km	5km	10km

【23-7】 配出架空线路开关掉闸怎么办

解：

（1）装有重合闸的开关手动试送电前，解除重合闸。

（2）具体操作

① 装有一次重合闸而重合闸未成功，隔 1min 后允许试送一次；试送成功后，应及时巡视线路，查找事故原因；试送未成功时，要排除故障后，才可试送电。

② 装有二次重合闸而重合未成功者，不许试送（若重合闸未动作，可试送一次）。

③ 无重合闸或重合闸失灵者，可允许手动试送两次，但第二次试送应与第一次试送掉闸后隔 1min。

④ 装有重合闸的开关手动试送前，要解除重合闸。

⑤ 开关掉闸时，喷油严重，不准试送。

【23-8】 变压器、电容器及全线为电缆的线路时开关掉闸后怎么办

解： 不允许再进行试送电。待查明原因排除故障后，才可试送电。

【23-9】 当分路开关保护动作未掉闸，而造成主变或电源开关越级掉闸怎么办

解： 当开关越级掉闸时，应先拉开所有分路开关，试送主变压器或电源开关，后送无故障各分路开关。故障分路开关试送前，先查明原因并将故障处理好；如果分路开关与主变压器或电源开关同时掉闸，要先拉开各分路开关，试送主变压器或电源开关，后试送无故障分路开关。在试送故障路开关前，要检查两级继电保护的配合情况。

【23-10】 **倒闸操作的内容**

 解： 倒闸操作主要内容是：由断开或合上电路上的开关，直接改变电气设备的运行方式，由一种运行状态转换到另一种运行状态，此时，不能发生错误操作，否则会发生设备事故或人身安全。

【23-11】 **倒闸操作安全要点**

解：

（1）倒闸操作安全要点

① 填写倒闸操作票，根据操作票的操作顺序在模拟板上进行核对性的操作，核对设备名称、编号、检查断路器和隔离开关的拉、合位置与倒闸操作票所写的是否相符。

② 倒闸操作必须由两人进行，一人监护，一人操作。高一级别的监护，低一级别的操作。

③ 倒闸操作时，戴绝缘手套、穿绝缘靴站在绝缘台上操作；与带电体保持安全距离。

④ 倒闸操作，由监护人唱诵操作号，操作人复诵后再进行正确操作，每操作完一步由监护人在操作顺序项目前画"√"。

⑤ 在操作中发生疑问时，必须向调度或电气负责人报告，弄清楚后再进行操作。

⑥ 操作封闭式配电装置时，开关设备每操作一项时，要检查其位置指示装置是否正确，发现对位置指示有错误或怀疑时，立即停止操作，查明原因，排除故障后再继续操作。

（2）室外操作注意事项

① 雨、雪、大雾天气时，无特殊装置的绝缘棒和绝缘夹钳禁止使用。

② 有雷电时禁止室外操作。

③ 装卸高压保险时，戴防护眼镜、戴绝缘手套，可站在绝缘台上使用绝缘夹钳。

【23-12】 **如何填写 10kV 倒闸操作票**

👆 **解：** 10kV 高压双路供电倒闸操作系统如图 23-1 所示。可根据设备开关的编号进行填写倒闸操作票，填写操作票时，要以操作任务、运行方式为依据，认真填写，不能有错，填写完了，要在模拟板图板上认真核对性操作无误后，才能进行倒闸操作。

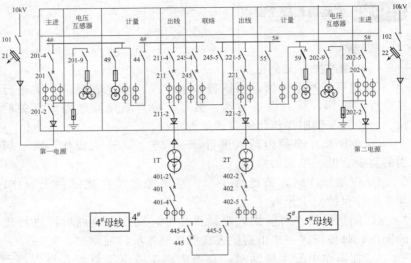

图 23-1 10kV 高压双路供电倒闸操作系统图

（1）系统图中的开关、设备的操作编号

① 1# 电源中的开关、设备操作编号

- 高压隔离开关——101
- 高压跌落式熔断器——21
- 高压断路器电源侧隔离开关——201-2
- 高压断路器 4# 母线侧隔离开关——201-4
- 高压断路器——201
- 三相五柱电压互感器控制开关——201-9
- V/V 接线电压互感器控制开关——49

- 4#母线联络隔离开关——44
② 1#（1T）变压器高压进线控制回路开关
- 高压断路器4#母线侧隔离开关——211-4
- 高压断路器变压器侧隔离开关——211-2
- 高压断路器——211
③ 1#（1T）变压器低压出线控制开关
- 低压断路器变压器侧隔离开关——401-2
- 低压断路器4#母线侧隔离开关——401-4
- 低压断路器——401
④ 低压分段
- 低压分段断路器4#母线侧隔离开关——445-4
- 低压分段断路器5#母线侧隔离开关——445-5
- 低压分段断路器——445
⑤ 2#电源中的开关、设备操作编号
- 高压隔离开关——102
- 高压跌落式熔断器——22
- 高压断路器电源侧隔离开关——202-2
- 高压断路器5#母线侧隔离开关——202-5
- 高压断路器——202
- 三相五柱电压互感器控制开关——202-9
- V/V接线电压互感器控制开关——59
- 5#母线联络隔离开关——55
⑥ 高压分段
- 高压分段断路器4#母线侧隔离开关——245-4
- 高压分段断路器5#母线侧隔离开关——245-5
- 高压分段断路器——245
⑦ 2#（2T）变压器高压进线控制回路开关
- 高压断路器5母线侧隔离开关——221-5
- 高压断路器变压器侧隔离开关——221-2
- 高压断路器——221
⑧ 2#（2T）变压器低压出线控制开关
- 低压断路器变压器侧隔离开关——402-2

- 低压断路器 5# 母线侧隔离开关——402-5
- 低压断路器——402

（2）填写倒闸操作票并进行操作

填写倒闸操作票必须认真负责，根据操作任务和运行方式一步一步填写。操作票填写方法示例如表 23-4 所示。填好后并进行操作。

表 23-4 操作票填写示例

变、配站倒闸操作票　　　× 年 × 月 × 日　　　编号 ××

操作任务	1T 由运行转备用，2T 由备用转运行（不停负荷倒变压器）。
运行方式	1# 电源带 1T 全负荷运行，2# 电源备用，倒为 2T 运行 1T 备用。

√	操作顺序	操作项目	√	操作顺序	操作项目
√	1	查 2T 应符合并列条件	√	23	拉开 401-2
√	2	查 245、221、202 确在断开位置	√	24	拉开 211
√	3	合上 245-4	√	25	查 211 确已拉开
√	4	合上 245-5	√	26	拉开 211-2
√	5	合上 245	√	27	拉开 211-4
√	6	查 245 确已合上	√	28	全面检查操作质量，操作完毕
√	7	合上 221-5		29	
√	8	合上 221-2		30	
√	9	查 402 确在断开位置		31	
√	10	合上 221		32	
√	11	查 221 确已合上		33	
√	12	听 2T 声音正常，充电 3min		34	
√	13	合上 402-2		35	
√	14	查 2T 电压 0.4kV 正常		36	

续表

√	操作顺序	操作项目	√	操作顺序	操作项目
√	15	合上 402-5		37	
√	16	合上 402		38	
√	17	查 402 确已合上		39	
√	18	查负荷电流分配		40	
√	19	拉开 401		41	
√	20	查 401 确已拉开		42	
√	21	查 2T 电流应正常		43	
√	22	拉开 401-4		44	
操作人		×××	监护人		×××
操作完成时间			×时×分		

（3）操作提示

① 检查 201 受电带 4# 母线，211、401、445 在合闸位置上，245、221、202 在拉开位置上。

② 将 1T、2T 先并列运行。

③ 检查 1T、2T 电流变化正常。

④ 将 1T 退出运行。

【23-13】操作票上要填写哪些内容及项目

解： 操作票主要内容及项目如下。

（1）发令人和受令人

① 发令人。是指发出操作任务或命令的人员。一般由调度员或电气负责人发令。任务或命令可用书面或口头形式发布，重要的操作任务应进行录音。

② 受令人。是指接受操作任务或命令的人员，一般由值班员受令。受令时应严肃、认真，并对发令人复诵操作任务或命令，同时应将有关的操作顺序一并复诵。

（2）监护人和操作人

① 监护人。是指执行工作监护任务的人员，可由值班长或正值班员担任。

② 操作人。是指直接操作的人员，一般由值班员担任。

(3) 时间（是指年月日准确到时分）

① 下令时间。以发令人下达操作任务或命令的时间为依据，填写的时间应准确无误（准确到"时""分"），由受令人填写。

② 操作开始时间。即正式开始进行操作的时间（准确到"时""分"），由监护人填写。

③ 操作完了（结束）时间。即操作顺序的最后一项完结的时间（准确到"时""分"），也要由监护人填写。

(4) 填写内容、顺序、任务

① 内容。即操作项目，是指操作顺序每一步的具体内容（包括检查、核对以及其他应进行的操作内容）。

② 顺序。即操作顺序，按操作的正确顺序排列后，依次填写在操作票上。

③ 任务。即操作任务，写明原运行方式及倒闸后的运行方式，并执行有关的安全技术措施。

【23-14】 电气运行中的四种运行状态

解： 电气设备在运行中的状态一般有四种。

① 某回路中的高压隔离开关和断路器（或低压刀开关及自动开关）都在合闸位置，从电源至受电端的电路已经接通，称为运行状态。

② 某回路中的高压断路器和隔离开关（或低压自动开关及刀开关）都已断开，同时按照保证安全的技术措施的要求装设了临时接地线，并悬挂标示牌和装设好临时遮拦，称为处于停电检修状态。

③ 某回路中的高压断路器及隔离开关（或低压自动开关）都已断开，而高压隔离开关（低压刀开关）仍处于合闸位置，称为热备用状态。

④ 某回路中的高压断路器及隔离开关（或低压自动开关及刀

开关）都将在断开位置，至少有一个明显断开点，称为冷备用状态。

【23-15】倒闸操作的任务

解： 倒闸操作就是将电气设备由一种运行状态转换到另一种运行状态。包括接通或断开高压断路器、隔离开关、低压自动开关或刀开关，以及直流操作回路，整定继电保护装置或自动装置，装设（或拆除）临时接地线等。

【23-16】倒闸操作必须的注意事项

解：

（1）填写操作票注意事项

① 操作票是保证人身安全、防止误操作（错拉、错合、带负荷拉隔离开关及带地线合闸等）的主要措施。

② 变（配）电所、变电站及配电室的一切倒闸操作均应填写操作。

③ 填写操作票必须以命令或许可为依据。命令形式可分为书面命令和口头命令两种。书面命令即工作票；口头命令可由电气负责人亲自向值班员当面下达，也可以电话通信方式下达。受令人必须将接受的口头命令复诵，复诵无误后应将发令人、下令时间及操作任务填入值班运行日志。

④ 操作票由值班员（工作许可人）按顺序填写，不准涂改，严禁使用铅笔填写。

⑤ 操作任务中未注明备用路为热备用状态时，一律按冷备状态填写。

⑥ 操作票应进行编号。已操作过的应注明"已执行"，保存期限不宜少于 3 个月。

（2）不准操作保持合闸位置的开关

① 备用路电源侧的隔离开关 202-2，TV 柜的隔离开关 202-9 为监视备用路电源状况，应处于合闸状态。

② 双路供电系统中有 6 个开关不准操作：101、102、44、49、

55、59。

③ 单路供电系统中有 3 个开关不准操作：101、33、39。

（3）属于供电局的调度户，在得到调度员的许可后，方可操作的"合环 7 步令"

① 解除运行路继电保护。

② 解除备用路继电保护。

③ 合上备用路。

④ 查环流。

⑤ 拉开运行路。

⑥ 恢复原运行路继电保护。

⑦ 恢复原备用路继电保护。

（4）在操作中，合闸前的检查　检查与其有关的断路器"确在断开位置"，防止带负荷操作或反送电源，防止误并列。可"走一步，查一步"，也可统一查。

【23-17】 倒闸操作项目中还包括哪些内容

解：

（1）按照操作技术要求，逐项填写下列内容

① "拉开×××""查确已拉开"；"合上×××""查确已合上"。

② "合上 201-9""查第一电源电压正常""合上 202-9""查第二电源电压正常"。

③ "合上 211"和"查 1T 空载运行正常""合上 221"和"查 2T 空载运行正常"。

④ "合上 401-2"和"查 1T 二次侧电压是否正常""合上 402-2"。"查 2T 二次侧电压是否正常"。

⑤ 装设临时接地线应写明装设位置，如："×××电源侧装设 1# 接地线"或"×××负荷侧装设 2# 接地线"，可不写"高压侧"或"低压侧"。

（2）变压器并列运行时的并列要求

① 两台变压器并列运行时，查明是否符合并列条件，操作时，先合电源侧，后合负荷侧；操作后应查负荷分配。

② 两台变压器解列，应查明解列后能否带全负荷，操作时先拉负荷侧，后拉电源侧。

（3）操作下列电气设备也要填写操作票

① 取下或装上某控制回路及电压互感器的一、二次侧熔断器时，应填写操作票。

② 解除或恢复继电保护装置以及改变整定值时，应填写操作票。

（4）下列情况时不填写操作票

① 发生威胁人身安全时，立即拉闸断电。

② 发生威胁设备安全时，立即拉闸断电。

③ 发生上述情况时，在事后必须向上级报告，同时将情况详细记录入值班日志。

【23-18】 倒闸操作中的具体要求

解：

（1）倒闸操作前的准备

① 根据操作票上的操作顺序在模拟板上进行核对性模拟操作，无误后方可进行实际操作。

② 操作时，要先核对开关设备的名称、编号，并检查断路器、隔离开关、自动开关、刀开关的分、合位置是否与倒闸操作票上的要求相符。

（2）倒闸操作时的要求

① 倒闸操作应由两人进行，由监护人"唱票"（宣布操作项目）操作人复诵后再进行操作。每操作完成一项后，监护人则应在完成的操作项目前画"√"，并核查操作质量。

② 操作中，发生疑问时，必须搞清楚后再进行操作，不准擅自更改操作票。

（3）操作中注意事项

① 操作人应穿电工工作服，与带电体保持安全距离，进行高压操作时，应穿绝缘靴、戴绝缘手套。操作跌落式熔断器时，应站在绝缘台（垫）上进行。

② 不受供电局调度所调度的双回路电源（包括自发电）用户，严禁并路倒闸（倒闸时应先停常用电源，后送备用电源）。

③ 雨天操作室外高压设备时，使用的绝缘杆应带有防雨罩，雷雨时应停止室外的正常操作。

【23-19】 **系统图中的图形符号**

 解： 系统图中的图形符号见表 23-5。

表 23-5　系统图中的图形符号

名称	图形符号	名称	图形符号
电力变压器		断路器	
电压互感器 V/V 接线		隔离开关	
三相五柱电压互感器		负荷开关	
干式变压器		跌开式熔断器	
油浸变压器		刀熔开关	
隔离手车插头		带电指示器	
零序电流互感器		避雷器	
熔断器		高压电流互感器	

续表

名称	图形符号	名称	图形符号
接地	⏚	电缆头	↓
电抗器			

【23-20】 双、单高压供电系统图

解： 下面示出部分高压供电系统图。

① 双电源高压供电高压计量双路供电系统如图 23-2 所示。

② 单电源高压供电高压计量单路供电系统如图 23-3 所示。

③ 单电源高压移开式开关柜变压器系统如图 23-4 所示。

④ 单电源高压供电低压计量单路供电系统如图 23-5 所示。

⑤ 单电源高压单母线供电系统如图 23-6 所示。

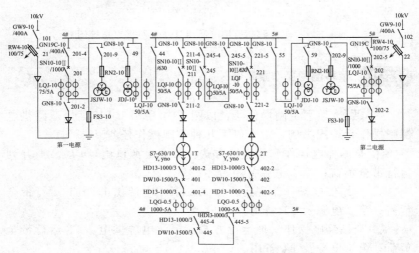

图 23-2 双电源高压供电高压计量双路供电系统图

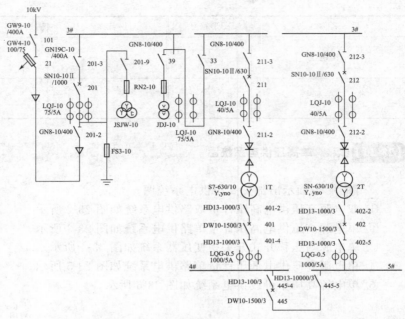

图 23-3　单电源高压供电高压计量单路供电系统图

【23-21】 填写倒闸操作票举例

解： 填写倒闸操作票，以图 23-1 所示 10kV 高压双路供电倒闸操作系统图为例，常有以下几种倒闸操作任务。

① 全站停电操作。现运行方式：第 2 电源供电，1T、2T 并列运行带全负荷；第 1 电源备用。

② 全站停电操作。现运行方式：第 1 电源供电，1T 运行带全负荷；第 2 电源及 2T 备用。

③ 全站停电操作。现运行方式：第 2 电源供电，2T 运行带全负荷；第 1 电源及 1T 备用。

④ 全站停电操作。现运行方式：第 1 电源供电，1T、2T 并列运行带全负荷；第 2 电源备用。

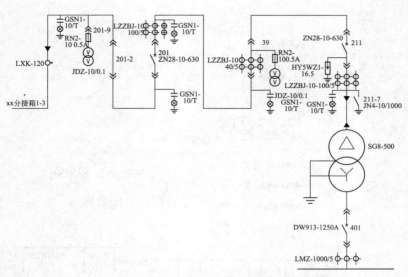

图 23-4　单电源高压移开式开关柜变压器系统图

　　⑤ 全站由运行转检修操作并执行安全技术措施。现运行方式：第 1 电源供电，1T、2T 并列运行带全负荷；第 2 电源备用。

　　⑥ 全站由运行转检修操作并执行安全技术措施。现运行方式，第 2 电源供电，1T、2T 并列运行带全负荷；第 1 电源备用。

　　⑦ 211 开关由运行转检修操作并执行安全技术措施。现运行方式：第 1 电源供电，1T、2T 并列运行带全负荷；第 2 电源备用。

　　⑧ 2T 由运行转检修操作并执行安全技术措施。现运行方式：第 2 电源供电，1T、2T 并列运行带全负荷；第 1 电源备用。

　　⑨ 1T 由运行转检修操作并执行安全技术措施。现运行方式：第 1 电源供电，1T、2T 并列运行带全负荷；第 2 电源备用。

　　⑩ 221 开关由运行转检修操作并执行安全技术措施。现运行方式：第 2 电源供电，1T、2T 并列运行带全负荷；第 1 电源备用。

　　⑪ 全站由检修转运行操作。现运行方式：第 1 电源供电，2T 运行带全负荷；第 2 电源及 1T 备用。

　　⑫ 221 开关由检修转运行操作（2T 运行与 1T 并列）。现运行方式：第 1 电源供电，1T 运行带全负荷；第 2 电源备用。

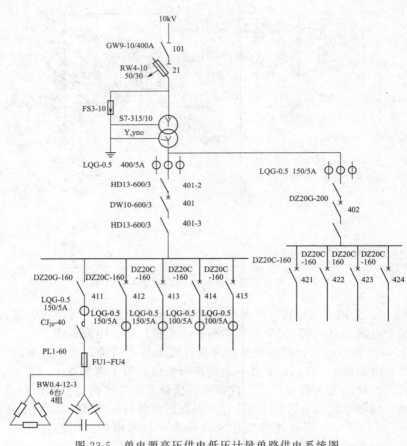

图 23-5　单电源高压供电低压计量单路供电系统图

⑬ 211 开关由检修转运行操作（1T 运行与 2T 并列）。现运行方式：第 2 电源供电，2T 运行带全负荷；第 1 电源备用。

⑭ 1T 由检修转运行操作（与 2T 并列）。现运行方式：第 1 电源供电，2T 运行带全负荷；第 2 电源备用。

⑮ 原运行电源转备用，原备用电源转运行操作（停电倒电源）。现运行方式：第 2 电源供电，2T 运行带全负荷；第 1 电源及1T 备用。倒为第 1 电源供电，第 2 电源备用。

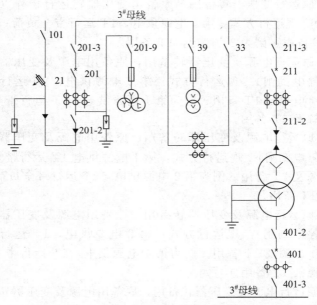

图 23-6　单电源高压单母线供电系统图

⑯ 2T 由检修转运行操作（与 1T 并列）。现运行方式：第 2 电源供电，1T 运行带全负荷；第 1 电源备用。

⑰ 原运行电源转备用，原备用电源转运行操作（不停电倒电源）。现运行方式：第 1 电源供电，1T 运行带全负荷；第 2 电源及 2T 备用。倒为第 2 电源供电，第 1 电源备用。

⑱ 原运行变压器转备用，原备用变压器转运行操作（并列倒变压器）。现运行方式：第 2 电源供电，2T 运行带全负荷；第 1 电源及 1T 备用。倒为 1T 运行 2T 备用。

⑲ 原运行变压器转备用，原备用变压器转运行操作（并列倒变压器）。现运行方式：第 1 电源供电，1T 运行带全负荷；第 2 电源及 2T 备用。倒为 2T 运行，1T 备用。

⑳ 原运行变压器转备用，原备用变压器转运行操作（停电倒变压器）。现运行方式：第 1 电源供电，2T 运行带全负荷；第 2 电源及 1T 备用。倒为 1T 运行，2T 备用。

㉑ 原运行变压器转备用，原备用变压器转运行操作（停电倒变压器）。现运行方式：第 2 电源供电，1T 运行带全负荷；第 1 电源及 2T 备用。倒为 2T 运行，1T 备用。

㉒ 原运行电源及变压器转备用，原备用电源及变压器转运行操作（停电倒闸）。现运行方式：第 2 电源供电，2T 运行带全负荷；第 1 电源及 1T 备用。倒为第 1 电源供电，1T 运行带全负荷，第 2 电源及 2T 备用。

㉓ 原运行电源及变压器转备用，原备用电源及变压器转运行操作（停电倒闸）。现运行方式：第 1 电源供电 1T 运行带全负荷；第 2 电源及 2T 备用。倒为第 2 电源供电，2T 运行带全负荷，第 1 电源及 1T 备用。

㉔ 原运行电源及变压器转备用，原备用电源及变压器转运行操作（停电倒闸）。现运行方式：第 2 电源供电，1T 运行带全负荷；第 1 电源及 2T 备用。倒为第 1 电源供电，2T 运行带全负荷，第 2 电源及 1T 备用。

㉕原运行电源及变压器转备用，原备用电源及变压器转运行操作（停电倒闸）。现运行方式：第 1 电源供电，2T 运行带全负荷；第 2 电源及 1T 备用。倒为第 2 电源供电，1T 运行带全负荷，第 1 电源及 2T 备用。

下面给出部分倒闸操作票示例。

例 23-1 操作任务：全站送电操作（冷备用）。

变、配站倒闸操作票　×× 年 × 月　×× 日　　编号 ××

	操作任务	全站送电操作			
	运行方式	1# 电源带 1T 运行带全负荷，2# 电源备用（冷备用）			
√	操作顺序	操作项目	√	操作顺序	操作项目
	1	查 201、211、245、221、202 确在断开位置		4	合上 201-9
	2	合上 21		5	查 1# 电源 10kV 电压正常
	3	合上 201-2		6	合上 201-4

续表

√	操作顺序	操作项目	√	操作顺序	操作项目
	7	合上 201		26	根据运行情况是否投入电容器
	8	查 201 确已合上		27	
	9	合上 211-4		28	
	10	合上 211-2		29	
	11	查 401、445 确在断开位置		30	
	12	合上 211		31	
	13	查 211 确已合上		32	
	14	查 1T 变压器声音正常，充电 3min		33	
	15	合上 401-2		34	
	16	查 1T 0.4kV 电压正常		35	
	17	合上 401-4		36	
	18	合上 401		37	
	19	查 401 确已合上		38	
	20	合上 445-4		39	
	21	查 402 确在断开位置		40	
	22	合上 445-5		41	
	23	合上 445-5		42	
	24	合上低压 4#、5# 母线侧负荷		43	
	25	全面检查操作质量，操作完毕		44	
操作人		×××		监护人	×××
操作完成时间		_____ 时 _____ 分			

本题提示：全站是冷备用状态，2# 电源的 22、202-2、202-9、

202-5、202、221-5、221-2、221、402-2、402-5、402 均在断开位置，其中 101、102 均为合闸状态。

例 23-2 操作任务：全站送电操作（冷备用）填操作票。

变、配站倒闸操作票　　××　年×月×日　　　　编号××

√	操作顺序	操作项目	√	操作顺序	操作项目
操作任务		全站送电操作（冷备用）			
运行方式		1#电源带 1T 运行，2#电源带 2T 运行			
	1	查 201、211、245、221、202 确在断开位置		17	合上 401-4
	2	合上 21		18	合上 401
	3	合上 201-2		19	查 401 确已合上
	4	合上 201-9		20	合上低压 4# 母线侧负荷
	5	查 1# 电源 10kV 电压正常		21	合上 22
	6	合上 201-4		22	合上 202-2
	7	合上 201		23	合上 202-9
	8	查 201 确已合上		24	查 2# 电源 10kV 电压正常
	9	合上 211-4		25	合上 202-5
	10	合上 211-2		26	合上 202
	11	查 401、445 确在断开位置		27	查 202 确已合上
	12	合上 211		28	合上 221-5
	13	查 211 确已合上		29	合上 221-2
	14	查 1T 变压器声音正常，充电 3min		30	查 402 确在断开位置
	15	合上 41-2		31	合上 221
	16	查 1T 0.4kV 电压正常		32	查 221 确已合上

续表

√	操作顺序	操作项目	√	操作顺序	操作项目
	33	查 2T 变压声音正常，充电 3min		39	合低压 5# 母线侧负荷
	34	合上 402-2		40	全面检查操作茧自缚质量，操作完毕
	35	查 2T0.4kV 电压正常		41	
	36	合上 402-5		42	
	37	合上 402		43	
	38	查 402 确已合上		44	
操作人		×××		监护人	×××
操作完成时间		____时____分			

本题提示：

① 全站停电（冷备用）时，户外跌落式熔断器 21、22 是处在断开位置，必须合上。

② 1T、2T 分别带负荷运行时，245、445 必须断开。

例 23-3 操作任务：221 由检修转运行，（2T 运行与 1T 并列）填操作票。

变、配站倒闸操作票　　××　年 × 月 × 日　　编号 ××

操作任务	221 由检修转运行（2T 运行与 1T 并列）				
运行方式	1电源供电1T运行带全负荷，2电源备用				
√	操作顺序	操作项目	√	操作顺序	操作项目
	1	查 202、245、402 确在断开位置		4	拆除 221-5 负荷侧 2# 接线
	2	拆除 221-2 电源侧 1# 接地线		5	取下 221-5 操作手柄上"已接地"、"禁止合闸，有人工作"标示牌
	3	取下 221-2 操作手柄上"已接地""禁止合闸，有人工作"标示牌		6	合上 245-5

续表

√	操作顺序	操作项目	√	操作顺序	操作项目
	7	合上 245-4		26	
	8	合上 245		27	
	9	查 245 确已合上		28	
	10	合上 221-5		29	
	11	合上 221-2		30	
	12	合上 221		31	
	13	查 221 确已合上		32	
	14	查 2T 变压器声音正常，充电 3min		33	
	15	合上 402-2		34	
	16	查 2T 0.4kV 电压正常		35	
	17	合上 402-5		36	
	18	合上 402		37	
	19	查 402 确已合上		38	
	20	查 1T、2T 负荷分配正常		39	
	21	全面检查操作质量，操作完毕		40	
	22			41	
	23			42	
	24			43	
	25			44	
操作人		×××		监护人	×××
操作完成时间		____时____分			

本题提示：$2^{\#}$电源备用时，22、202-2、202-9、202-5、202 均在断开位置。

例 23-4 操作任务：原备用电源转运行，原运行电源转备用（热备用），不停电倒电源，填写操作票。

变、配站倒闸操作票　××　年×月×日　编号××

操作任务	原备用电源转运行，原运行电源转备用（热备用），（不停电倒电源）			
运行方式	1#电源供电，1T 运行带全负荷；2#电源及 2T 备用			
√	操作顺序	操作项目	√	操作顺序	操作项目

√	操作顺序	操作项目	√	操作顺序	操作项目
	1	经供电部门调度同意		20	检查操作质量，操作完毕
	2	查 202、221、245、402 确在断开位置		21	
	3	解除 201、202 继电保护		22	
	4	合上 22		23	
	5	合上 202-2		24	
	6	合上 202-9		25	
	7	查 2#电源电压正常		26	
	8	合上 202-5		27	
	9	合上 202		28	
	10	查 202 确已合上		29	
	11	合上 245-5		30	
	12	合上 245-4		31	
	13	合上 245		32	
	14	查 245 确已合上		33	
	15	查环流正常		34	
	16	拉开 201		35	
	17	查确已拉开		36	
	18	拉开 201-4 查确已拉开		37	
	19	恢复 201、202 继电保护		38	

续表

√	操作顺序	操作项目	√	操作顺序	操作项目
	39			42	
	40			43	
	41			44	
操作人		×××		监护人	×××
操作完成时间		_____时_____分			

本题提示：2#电源备用（为冷备用）22、202 处于拉开状态，1#电源热备用：21、201-2、201-9 处于合闸状态，能监视 1#电源电压。

例 23-5 操作任务：原运行变压器转备用，原备用变压器转运行（并列倒变压器）填写操作票。

变、配站倒闸操作票　　×× 年 × 月 × 日　　编号 ××

操作任务	原运行变压器转备用，原备用变压器转运行（并列倒变压）				
运行方式	2#电源供电，2T运行带全负荷；1#电源备用及 1T 备用。倒为 1T 运行，2T 备用				
√	操作顺序	操作项目	√	操作顺序	操作项目
	1	查 201、211、245、401 确在断开位置		10	合上 401-2
	2	合上 245-5		11	查 1T 二次侧电压正常
	3	合上 245-4		12	合上 401-4
	4	合上 245		13	合上 401
	5	查 245 确已合上		14	查 401 确已合上
	6	合上 211-4		15	查 1T、2T 负荷分配
	7	合上 211-2		16	拉开 402
	8	合上 211		17	查 402 确已拉开
	9	查 1T 声音正常，充电 3min		18	拉开 402-5

续表

√	操作顺序	操作项目	√	操作顺序	操作项目
	19	拉开 402-2		32	
	20	拉开 221		33	
	21	查确已拉开		34	
	22	拉开 221-2		35	
	23	拉开 221-5		36	
	24	检查操作质量，操作完毕		37	
	25			38	
	26			39	
	27			40	
	28			41	
	29			42	
	30			43	
	31			44	
操作人		×××		监护人	×××
操作完成时间		时　　　　分			

例 23-6 操作任务：原运行变压器转备用，原备用变压器转运行（停电倒变压器）。填写操作票。

变、配站倒闸操作票　　××　年 × 月 × 日　　编号 ××

操作任务	原运行变压器转备用，原备用变压器转运行（并列倒变压器）				
运行方式	2# 电源供电，2T 运行带全负荷；1# 电源及 1T 备用。倒为 1T 运行，2T 备用				
√	操作顺序	操作项目	√	操作顺序	操作项目
	1	查 201、211、245、401 确在断开位置		2	合上 245-5

续表

√	操作顺序	操作项目	√	操作顺序	操作项目
	3	合上 245-4		24	拉开 221-2
	4	合上 245		25	检查操作质量，操作完毕
	5	查 245 确已合上		26	
	6	合上 211-4		27	
	7	合上 211-2		28	
	8	合上 211		29	
	9	查 211 确已合上		30	
	10	查 1T 运行声音正常充电 3min		31	
	11	合上 401-2		32	
	12	查 1T 二次侧电压正常		33	
	13	合上 401-4		34	
	14	合上 401		35	
	15	查 401 确已合上		36	
	16	查 1T、2T 负荷分配		37	
	17	拉开 402		38	
	18	查 402 确已拉开		39	
	19	拉开 402-5		40	
	20	拉开 402-2		41	
	21	拉开 221		42	
	22	查 221 确已拉开		43	
	23	拉开 221-5		44	

操作人	×××		监护人	×××

操作完成时间	_____时_____分

例 23-7 操作任务：全站停电操作，填写操作票。

变、配站倒闸操作票　　××　年×月×日　　编号××

操作任务	全站停电操作			
运行方式	2#电源供电，1T、2T 并列运行带全负荷，1#电源备用			
√	操作顺序	操作项目	√	操作顺序	操作项目

√	操作顺序	操作项目	√	操作顺序	操作项目
	1	拉开低压电容器组开关		23	拉开 202-9
	2	拉开低压各路出线开关		24	拉开 202-2
	3	拉开 445		25	拉开 22
	4	查 445 确已拉开		26	拉开 201-9
	5	拉开 445-4		27	拉开 201-2
	6	拉开 445-5		28	拉开 21
	7	拉开 401		29	检查操作质量，操作完毕
	8	拉开 401-4			
	9	拉开 401-2			
	10	拉开 402-4			
	11	拉开 402-2			
	12	拉开 211			
	13	拉开 211-2			
	14	拉开 211-4			
	15	拉开 245			
	16	拉开 2454			
	17	拉开 245-5			
	18	拉开 221			
	19	拉开 221-2			
	20	拉开 221-5			
	21	拉开 202			
	22	拉开 202-5			

操作人	×××		监护人	×××
操作完成时间		时　　分		

第 24 章
详解电能表的原理及接线

Chapter 24

【24-1】 **磁卡式电能表原理及接线**

解: DDY$_9$型磁卡电能表是由传统电能表机芯、磁卡机、微电脑系统、光电采样装置等组成的智能的新型电能表，可先售电、后用电，免除人工抄表、收费手续，有利于管理。

磁卡式电能表有以下特点。

① 用户将磁卡插入磁卡插口，电量数读入该表的微电脑中磁卡电表有智能识别装置，只有卡与表的密码相同时才能读入。

② 磁卡式电能表有检测装置，供用户检测剩余电量，当电量少到一定值（10 度）时，电能表自动报警，提醒用户补充电量，当电量为零时停止供电。

③ 磁卡式电能表有记忆装置，停电时未用完的电量不会丢失。

④ 磁卡式电能表有防雷击，防电磁波干扰功能。

⑤ 磁卡式电能表可通过电力线路载波，供电力部门计算机查阅各用户剩余电量，便于计划用电管理。

⑥ 磁卡式电能表接线同单相有功电能表，其原理接线图如图 24-1 所示。

⑦ DDY$_9$电能表主要参数如表 24-1 所示。

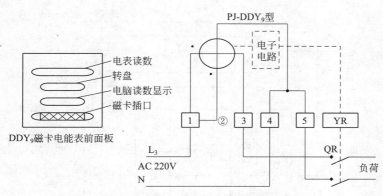

图 24-1 磁卡式电能表原理接线图

表 24-1 DDY₉电能表主要参数

序号	参数	数值
1	额定电压	AC，220V
2	额定电流/A	2.5 (10)，5 (20)，10 (40)
3	额定频率/Hz	50
4	精度等级	1.0～2.0
5	使用寿命/年	15～20

【24-2】脉冲电能表原理接线

解： 86M 型三相四线脉冲有功电能表，经电流互感器原理接线图如图 24-2 所示。

其优点如下。

① 86 系列三相四线脉冲电能表是国内新一代的电能表，用于交流 100V、220V、380V，50Hz，60Hz 电路中有功、无功电能计量。

② 86 系列电能表为 2.0 级精度，使用环境：有功表，温度为

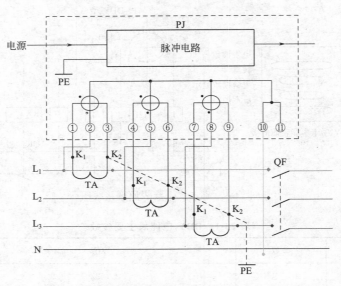

图 24-2　三相四线脉冲有功电能表原理接线图

$10\sim50℃$，湿度小于 85% 的室内；无功表，温度为 $0\sim40℃$，湿度小于 85% 的室内。

③ 脉冲电能表电源电压为直流 12V，也可根据用户要求为 5V、24V，交流 220V，输出脉冲宽度 200ms，脉冲幅值 3.5～5V，每秒输出 4 个脉冲。

④ 有过载能力强、使用寿命长、稳定性高等优点。

【24-3】 详解 DDZY71C-Z 型单相费控智能电能表

解： DDZY71C-Z 型单相费控智能电能表工作原理如图 24-3所示。

脉冲输出端口示意如图 24-4 所示。

电能表基本误差如表 24-2 所示

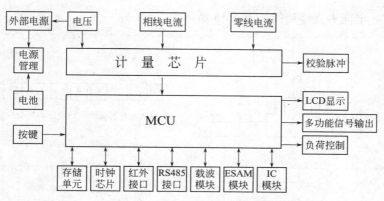

图 24-3　DDZY71C-Z 型单相费控智能电能表工作原理图

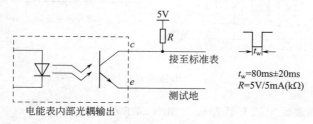

图 24-4　脉冲输出端口示意图

表 24-2　电能表基本误差

负载电流		功率因数	基本误差/%	
直接接通仪表	经互感器接通仪表		1 级	2 级
$0.05I_b \leqslant I < 0.1I_b$	$0.02I_n \leqslant I < 0.05I_n$	1	±1.5	±2.5
$0.1I_b \leqslant I \leqslant I_{max}$	$0.05I_n \leqslant I \leqslant I_{max}$	1	±1.0	±2.0
$0.1I_b \leqslant I < 0.2I_b$	$0.05I_n \leqslant I < 0.1I_n$	0.5，感性	±1.5	±2.5
		0.8，容性	±1.5	—
$0.2I_b \leqslant I \leqslant I_{max}$	$0.1I_n \leqslant I \leqslant I_{max}$	0.5，感性	±1.0	±2.0
		0.8，容性	±1.0	—

电能表直接接线如图 24-5 所示。

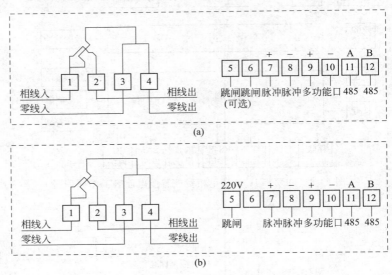

(a)

(b)

图 24-5　电能表直接接线图

电能表经电流互感器接线如图 24-6 所示。

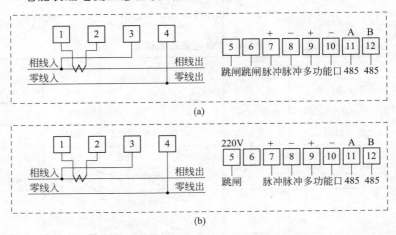

(a)

(b)

图 24-6　电能表经电流互感器接线图

接线注意事项：采用内置负荷开关时，接线端子 5、6 为预留端子。采用外接负荷开关时端子 5、6 为跳闸控制端子或 5 端子为跳闸端子。外接负荷开关的跳闸控制严禁接入电流互感器二次回路中。

【24-4】 常用传统系列电能表的优点

解：

① 常用 862 系列单相、三相电能表是国内大量使用的电能表。用于交流 100V、220V、380V，50Hz、60Hz 系统中有功、无功电能计量。具有过载能力强、使用寿命长、稳定性高等优点。

② 862 系列电能表精度为 2.0 级。

③ 使用环境：有功表，温度为 10～50℃，湿度小于 85％的室内；无功表，温度为 0～40℃，湿度小于 85％的室内。

④ 过载能力：862 过载能力为 2 倍；862-4 过载能力 20A 以下为 4 倍，30A 为 3 倍；862-6 过载能力为 6 倍。

【24-5】 单相有功直入式电能表原理及接线

解： 单相直入式电能表原理接线如图 24-7 所示。

单相电能表实物接线（图 24-8）按照接线端子的编号连接，编号从左至右排列，接线时电源 L_1 接①号端子，②号端子引出线接至漏电开关 QR 左接点，零线 N 接③号端子，④号端子引出线接至漏电开关 QR 右接点。

国产单相直入式电能表型号"DD□□□"，□□□是数字，表示设计序号。最大额定电流为 40A，在电能表盘上标"20（40）A"，最大额定电流 40A 是 20A 的 2 倍，称二倍表，在电能表盘上标"20（80）A"称四倍表……

选择电能表：电能表额定电压与电源电压相适应、额定电流应等于或略大于负荷电流，适当选择二倍表或四倍表等。

安装要求：保证电能表转动的铝盘为水平位置、铜导线截面应满足负荷电流要求，最小不得小于铜导线截面 2.5m²，中性线进、出电能表端子。电能表的金属外壳要接地（PE），与大地等电位。

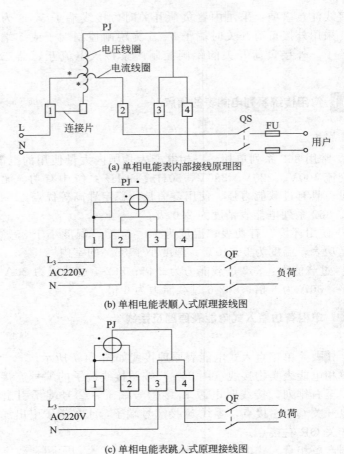

(a) 单相电能表内部接线原理图

(b) 单相电能表顺入式原理接线图

(c) 单相电能表跳入式原理接线图

图 24-7　单相直入式电能表原理接线图

避开潮湿、有腐蚀性气体、有强磁场干扰的场所，还要满足当地安装规程的其他要求。

【24-6】 要了解单相有功电能表经电流互感器原理及接线怎么办

 解:

（1）原理接线　如图 24-9 所示。当单相负荷过大时，无适当

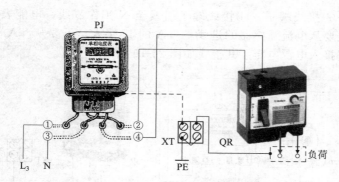

图 24-8　单相电能表直入式实物接线示意图

的直入式电能表来达到其要求时，可采用经电流互感器接线的计量
方式。

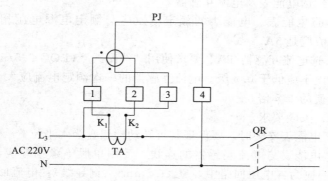

图 24-9　单相电能表经电流互感器原理接线图

（2）单相电能表测量回路的接线　接线端子有四个端子从左至
右顺序排列，电流回路与电压回路接线是分开接的；①、②端子接
电流回路，③、④端子接电压回路不能接错，具体如下。

① 电流回路。电流互感器 TA 的 K_1 连线至电能表 PJ 的①端
子，TA 的 K_2 连线至 PJ 的②端子，再将电流互感器的 K_2 及接地端
子用导线并联接到保护接地（PE）接线端子上，与大地等电位。

② 电压回路。电源电压线在电流互感器 TA 的 L_1 端子连线至

电能表③接线端子，④接线端子引线至 N 工作零线，电能表电源电压线要从电流互感器的进线端 TA 的 L_1 接入，不要从 TA 的 L_2 出线端接入电源电压。其接线如图 24-10 所示。

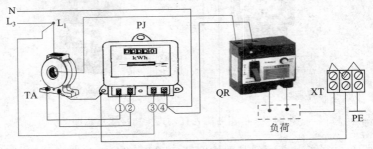

图 24-10　单相电能表，经电流互感器实物接线示意

（3）选电能表及电流互感器

① 选电能表。电能表的额定电压应与额定电源电压相适应。额定电流应是 5A。

② 选电流互感器 TA。要求使用"线圈式"（LQG-0.5/5 型等）的，精度不应低于 0.5 级。电流互感器的一次额定电流应大于负荷额定电流的 1.5 倍。

（4）安装要求

① 电能表安装时，要保证其可转动的铝盘为水平位置。

② 电能表与电流互感器的连线，要用单股绝缘铜导线，其截面（S）应为：电压回路中，$S \geqslant 1.5\text{mm}^2$（铜导线）；电流回路中，$S \geqslant 2.5\text{mm}^2$（铜导线）。接线时接点处要除锈、要压紧压实。表外接线端子近处不准有接头，导线不够长时，可换一条导线。

③ 在图 24-11 中，电能表原理接线图标的"·"为正极；在电流互感器二次接线标的 K_1（＋）、K_2（－）为正、负极性，接线时要用对极性。

④ 应满足当地安装规程的其他要求。

⑤ 电能表的金属外壳、电流互感器铁芯及 K_2 端子并联接地（PE），与大地等电位。

⑥ 避开潮湿、腐蚀性气体、易燃易爆气体的场所，也要避开

有强磁场干扰的场所。

 三相四线有功电能表的原理及接线

🖐️**解：**

（1）原理接线 如图 24-11 所示。

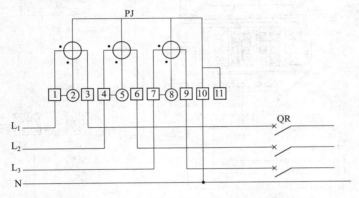

图 24-11 直入式三相四线有功电能表原理接线图

（2）直入式三相四线线制有功电能表实物接线 如图 24-12 所示。

（3）说明 三相四线直入式电能表为三相四线制交流电能表，它有 11 个接线端子，其中的 1、4、7 端子分别接电源相线，3、6、9 是相线出线端子分别接至开关 QF 的左、中、右接线端子，开关的下端引出至负荷。10、11 端子分别是中性线（N）进、出线接线端子。而 2、5、8 为电能表三个电压线圈连接线端子，电能表电源接好后，通过连接片分别接入电能表三个电压线圈给电能表提供电源电压。

（4）选表

① 电能表额定电压与电源电压必须相适应。

② 电能表的额定电流略大于负荷额定电流。对于二倍表和四倍表，负荷电流可在其倍数范围内。如已知负荷电流是 70A，可选电能表额定电流为 40（80）A 的二倍表、20（80）A 的四倍表等。

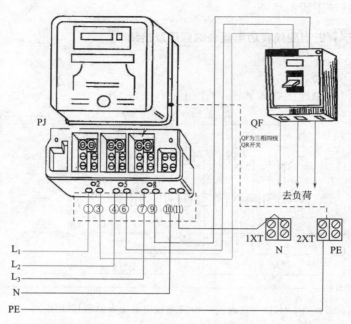

图 24-12　直入式三相四线电能表实物接线示意图

当计量电流超过 250A 时，电能表接线使用专用接线端子，以利于校表。

（5）安装及接线要求

① 电能表在安装时，要保证可转动的铝盘为水平位置。

② 接线应按正相序接线，如果相序接错必须进行倒相序，倒相序必须停电做好安全措施，在监护人监护下进行。

【24-8】 **三相四线有功电能表经电流互感器的原理及接线**

解：

三相四线制电能表经电流互感器接线原理如图 24-13 所示。

三相四线制电能表经电流互感器实物接线如图 24-14 所示。

注：电能表经电流互感器时，所用的电流互感器应用"线圈

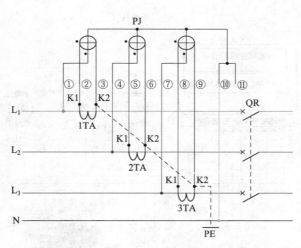

图 24-13 三相四线制电能表经电流互感器接线原理图

式"的电流互感器，不要用穿心式的电流互感器（穿心式电流互感器只作示意图用）。

电能表和电流互感器的选用如下。

① 选电能表。电能表的额定电压应与电源电压相适应，额定电流应是 5A 的。也可以采用 3（6）A 二倍表，1.5（6）A 四倍表等。

② 选电流互感器。电流互感器应使用"线圈式"的（LQG-0.5 型），电能表的精度不低于 0.5 级。电流互感器的一次额定电流应大于负荷额定电流的 1.5 倍。如果负荷额定电流为 100A，可选用电流互感器 LQG-0.5 150/5 型号规格的。

电能表安装及接线要求如下。

① 电能表安装时，要保证其可转动的铝盘为水平位置。

② 电能表的接线应为正相序接线。

③ 电能表与电流互感器之间的测量回路接线，采用绝缘铜导线。其截面（S）应为；电压回路，$S \geqslant 1.5\,\mathrm{mm}^2$；电流回路，$S \geqslant 2.5\,\mathrm{mm}^2$。导线连接处要除锈、压紧压实，表外端子近处不准有接头，导线不够长时应换一根导线。

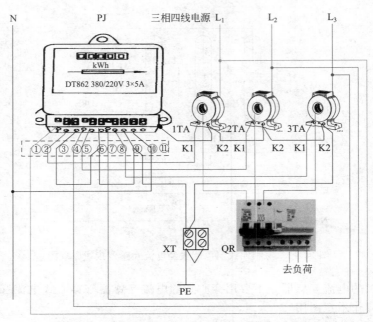

图 24-14　三相四线制电能表经电流互感器实物接线示意

④ 电流互感器接线时极性要接对，其接线端子 K_2（一）和接地端子要并联接至保护接地"PE"，与大地等电位。

⑤ 电能表安装要避开潮湿、有腐蚀性气体、易燃易爆气体场所及有强磁场干扰的场所。

⑥ 应满足当地安装规程的其他要求。

【24-9】 三相三线直入式有功电能表原理及接线

解： 三相三线直入式电能表原理接线如图 24-15 所示。常用于三相三线负荷有功电能的计量。

国产电能表的型号为："DS□□□"，□□□是数字，表示设计序号。最大额定电流 50A，60（120）A 二倍表，30（120）A 四倍表。

如果负荷电流太大，就要使用经电流互感器进行测量的电能表。直入式电能表不适用大负荷有功电能的计量。一般情况负荷额定电流在 80A 以下采用直入式电能表。

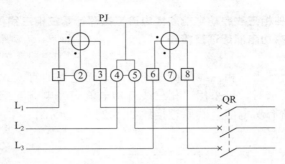

图 24-15 三相三线直入式电能表原理接线

三相三线直入式电能表实物接线如图 24-16 所示。

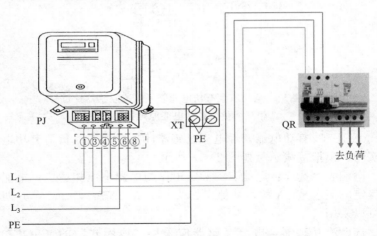

图 24-16 三相三线直入式电能表实物接线示意图

电能表的选用：电能表额定电压与电源电压相适应，额定电流要略大于负荷额定电流。如果负荷额定电流为 80A，可选电能表额定电流为 30（120）A 的四倍表。

安装及接线要求如下。

① 电能表安装时，要保证其可转动的铝盘为水平。

② 要正相序接线。

【24-10】 三相三线有功电能表经电流互感器计量三相三线负荷
有功电能原理及接线

解: 当三相三线负荷电流过大，无适当的直入式有功电能
表满足其要求时，可采用三相三线有功电能表经电流互感器计量三
相三线负荷有功电能，其原理接线如图 24-17 所示。

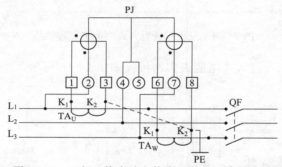

图 24-17 三相三线有功电能表经电流互感器计量
三相三线负荷有功电能原理接线图

三相三线有功电能表经电流互感器计量三相三线负荷有功电能
的实物、模拟接线示意如图 24-18 所示。

电能表的选择：电能表的额定电压与电源电压相适应；电能表
的额定电流应是 5A 的，其他表如 3 (6) A 二倍表，1.5 (6) 四倍
表可以采用。

选电流互感器：电流互感器应采用 "线圈式" 的 (LQG-0.5
型)，二次额定电流为 5A，精度不应低于 0.5 级。一次额定电流应
大于负荷电流 1.5 倍。如果负荷电流是 80A，可选用 LQG-0.5
120/5 的电流互感器。

安装及接线要求如下。

① 电能表安装时，要求保证其可转动的铝盘为水平安装。避
开潮湿、有腐蚀性气体、有易燃易爆、有强磁场干扰的场所。

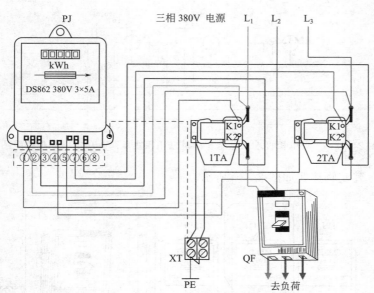

图 24-18　三相三线有功电能表经电流互感器计量
三相三线负荷有功电能实物、模拟接线示意图

② 电能表应按正相序接线。在测量回路中使用绝缘铜芯导线，截面（S）应为：电压回路，$S \geqslant 1.5\,\mathrm{mm}^2$；电流回路，$S \geqslant 2.5\,\mathrm{mm}^2$。接线时，连接点要除锈、压紧压实，电能表外近处及捆绑线中不准有接头，导线敷设要横平、竖直，捆绑成形，固定牢固，美观大方。

③ 电能表的金属外壳接保护接地（PE），与大地等电位。

④ 电流互感器的极性要用对。电流互感器 TA 的 K_2 接线端子及铁芯并联接保护接地（PE），与大地等电位。

⑤ 还应满足当地安装的其他要求。

【24-11】　**三只单相直入式有功电能表计量三相四线负荷有功电能原理及接线**

解： 三只单相直入式电能表计量三相四线负荷有功电能的原理接线如图 24-19 所示。

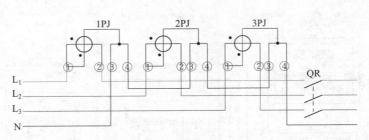

图 24-19　三只单相直入式电能表计量三相四线负荷有功电能原理接线图

其实物接线如图 24-20 所示。

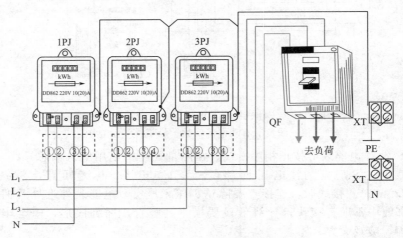

图 24-20　实物接线示意图

选电能表：三只单相直入式电能表要求额定电压、电流相同，最好使用同一型号规格的电能表。其安装、接线要求与其他的电能表安装、接线要求是一样的。

【24-12】 直入式三相无功电能表原理及接线

解：　直入式三相无功电能表原理接线如图 24-21 所示。直入式三相无功电能表实物接线示意图如图 24-22 所示。

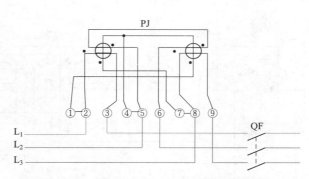

图 24-21　直入式三相无功电能表原理接线图

注：无功电能表在图中的①-②、④-⑤、⑦-⑧接点已在表内通过连片接好。选用表时要根据负荷电流的大小来选用无功电能表额定电流的大小（本图为示意图）。

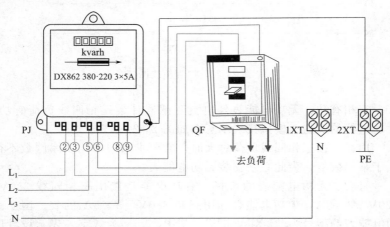

图 24-22　直入式三相无功电能表实物接线示意图

【24-13】三相有功电能表与三相无功电能表经电流互感器计量三相四线负荷有功、无功电能原理及接线

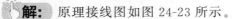**解：** 原理接线图如图 24-23 所示。

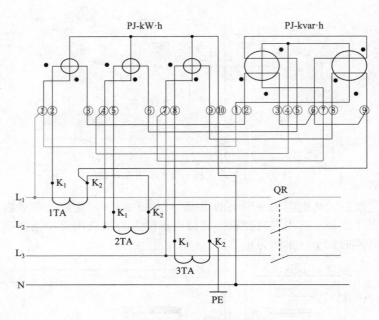

图 24-23 原理接线图

三相有功、无功电能表经电流互感器计量三相四线负荷有功、无功电能的实物、模拟接线示意图如图 24-24 所示。

用途：在三相四线负荷过大时，常要求用户平均功率因数不得低于某一数值，为此必须安装无功电能表。

有功、无功电能表的选择：有功电能表选用三相四线 380V/220V　3×5A，无功电能表选用三相 380V　3×5A 的表。国产无功电能表的型号为"DX□□□"，其中□□□为数字，表示设计序号。因为国产无功电能表结构不完全一样，接线方法也不完全相同，本图中仅是一种接线方式，因此，实际工作中在安装无功电能表时，应按照其使用说明书进行接线。

三相四线有功、无功电能表的连线见表 24-3。

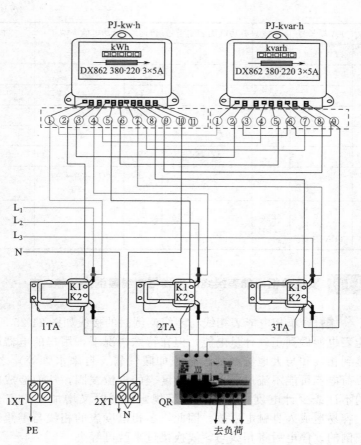

图 24-24　实物、模拟接线示意图

表 24-3　三相四线负荷有功、无功电能表的连线

序号	TA 端子号	连线	有功电能表端子号	再连线	无功电能表端子号	注
1	1TA 的 L_1	→	①	→	①	
2	2TA 的 L_1	→	④	→	④	
3	3TA 的 L_1	→	⑦	→	⑦	
4	1TA 的 K_1	→	②			

续表

序号	TA端子号	连线	有功电能表端子号	再连线	无功电能表端子号	注
5	2TA 的 K_1	→	⑤			
6	3TA 的 K_1	→	⑧			
7			③	→	②	
8			⑥	→	⑤	
9			⑨	→	⑧	
10			⑩→N			零线
11					③→⑥→⑨ →PE	
12	1TA 的 K_2 2TA 的 K_2 3TA 的 K_2	并联 →PE				

【24-14】 发现单相电能表接线时相线与零线颠倒接了怎么办

解： 单相电能表相线与零线颠倒时的接线如图 24-25 所示。电能表也能做到正确计量电能，但在特殊情况下，用户的电器设备等接到相线和与大地接触的设备（如暖气管、自来水管等）之间，则负荷电流可能不流过或少流过电度表的电流线圈，从而造成电度表的不计或少计电度。这样做违反规定，同时又增加了不安全因素，容易造成人身触电事故。因此，单相电度表的相线与零线是不能颠倒的。停电后将相线与零线换接过来就可解决。

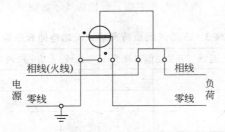

图 24-25 单相电能表相线与零线颠倒接线图

【24-15】 **单相电度表 220V， 5A， 其内部接线是什么情况**

解： 单相电度表内部有两个线圈，一个电压线圈，一个电流线圈，一般电压线圈和电流线圈在端子板"1"处用电压小钩连在一起。由于电压线圈电阻值大，电流线圈电阻值小，可采用下列方法确定它的内部接线。

（1）万用表法   将万用表置于电阻"R"挡，一支表笔接"1"端子，另一支表笔依次接触"2""3""4"端子，如图 24-26 所示，测量结果，电阻值近似为零值的是电流线圈，电阻值大的为电压线圈。

（2）灯泡法   将 220V 电源相线接在电能表的"1"端子。将串接一个 220V，100W 的灯泡的电路，一端与电网零线相接，如图 24-27所示，另一端依次接触电能表的"2""3""4"端子，测量结果，灯泡正常发光的是电流线圈端子，灯泡很暗的是电压线圈端子。

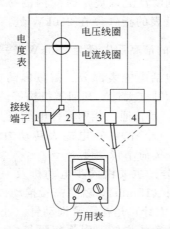

图 24-26   万用表法测定单相电能表内部接线示意图

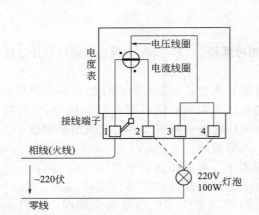

图 24-27　用灯泡法测定单相电能表内部接线示意图

24-16　最大需量表的构造原理及需量倍率

解： 最大需量表是一种特殊的电能表，它能记录某一段时间的电能，还可专门记录规定时间周期内（一般为 15min）所出现的最高用电量。在刻度盘上以规定时间内的平均功率（kW）表示出来。如果最大需量表的指针停在 250kW 处，则说明在前一段时间（15min）内用户的最高用电量为 $250\text{kW} \times \dfrac{1}{4}\text{h} = 62.5\text{kW} \cdot \text{h}$。

它的主要构造包括电能表部分、需量推动针（小针）、时间控制部分以及 kW 指示针（大针）和回零机构等。

① 电能表部分：是普通三相两元件电能表。

② 需量推动针（小针）：在电能表转动力矩作用下顺时针转动，负荷大转动快，负荷小转动慢。

③ 时间控制部分：主要由同步电动机及一套齿轮传动机构组成，它每隔规定时间（15min），就将需量推动针（小针）重新置于零位。kW 指示针（大针）是在需量推动针（小针）推动下顺时针转动的，它是随意平衡的指针，因为每隔规定时间（15min）需量推动针（小针）在时间控制部分的作用下返回零位时，kW 指示针（大针）则停留在原来指示的位置。从而指示出过去 15min 内最大

用电量。

④ 回零机构是供抄表人员在抄表以后，将 kW 指示针拨回零位之用。

最大需量倍率可按下式计算。

最大需量倍率＝电压互感器变比×电流互感器变比×满刻度倍率

【24-17】 **电能表的倍率及计算**

解： 由于电能表结构的不同，或采用了电流互感器，使得电能表计度器的读数需要乘以一个系数，才是电路真正消耗的电度数，这个系数称为电能表的倍率。

（1）电能表直接测量时的倍率

电能表倍率＝电能表齿轮比/电能表常数

例如，有 DD_1 型单相电能表其齿轮比及常数均为 2500，则它的倍率为 2500/2500＝1。

该表倍率为 1，即无倍率。使用时，可将两次抄表所见的读数相减，即为实际用电量（从齿轮比和常数的定义还可知道，该表计度器上具有一位小数）。

（2）电能表经电流互感器和电压互感器接入时倍率的计算

电能表倍率＝（电压互感器变比×电流互感器变比×电能表齿轮比）÷（铭牌上 TV 比×铭牌上 TA 比×电能表常数）

式中，"铭牌上 TA 比"为电能表铭牌上标明的电流互感器的电流比；"铭牌上 TV 比"为电能表铭牌上标明的电压互感器的电压比。

当电能表铭牌上无上述两项数值时，其值均取 1。

例如，某 DS_1 型三相电能表，其常数为 2500，齿轮比为 250，经电流、电压互感器接入。TA 比为 200A/5A，TV 比为 10000V/100V，求该表倍率。

$$电能表倍率＝\frac{200}{5}×\frac{10000}{100}×250/(1×1×2500)＝400（倍）$$

该表在使用时，将两次抄表的读数相减再乘以 400 即为实际电量。

【24-18】 电能表计量用二次回路的要求

解： 为了计量准确和安全运行，调试和更换表时方便，对电能表二次回路有以下要求。

① 对于二次侧为双线圈的电流互感器，电能表计量回路应选用准确度等级为 0.5 级的一套线圈。二次回路的总负荷不应超过铭牌的规定。

② 电流和电压互感器的二次线均应采用铜线。电流回路的导线截面不小于 $2.5mm^2$；电压回路的导线截面不小于 $1.5mm^2$。

③ 凡高压侧计量或低计量、容量在 250A 及以上时，均应在电压、电流回路中装设接线专用的接线端子盒。

④ 二次回路连接线中间不准接头，导线与电气元件的压接必须牢固。

⑤ 所有二次导线必须排列整齐，导线两端应穿有带明显标记和编号的胶木头。

第 25 章
解读过电压保护

Chapter 25

【25-1】 **雷电怎样产生**

解： 安装避雷针、避雷器等，可在规定范围内保护设备不受雷击。雷电是一种大气中带有大量的雷云放电的结果。大气中的水滴在强烈的上升气流作用下，不断分裂成了雷云。实验证明，水滴在分裂过程中所形成小的水滴是带负电的，而其余大的水滴则是带正电的。带负电的水滴被气流携走，于是云就分离成带不同电荷的两部分。当带电的云块临近地面时，对大地感应出与雷云极性相反的电荷，二者之间组成了一个巨大的"电容器"。

雷云中电荷的分布是不均匀的，当云层对地电场强度达到 25 ～ 30kV/cm 时，它们之间的空气绝缘就会被击穿，雷云对地便发生先导放电，如图 25-1 所示。当先导放电的通路到达大地时，大地和雷云就

图 25-1　雷云对地先导放电示意图

产生强烈的"中和"出现强大的雷电流，可达数十至数百千安培，这一过程称为主放电。雷电流的波形图如图 25-2 所示。其波前时间为 $1\sim4\mu s$，主放电时间为 $30\sim50\mu s$。陡度在 $7.5kA/\mu s$ 左右，主放电的温度可达 $20000℃$，使周围的空气猛烈膨胀，并发出耀眼的闪光和巨响，称为雷电。

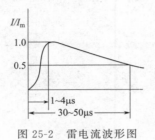

图 25-2　雷电流波形图

【25-2】 雷电有什么危害

解： 雷电放电过程中，呈现出电磁效应、热效应以及机械效应，对建筑物和电气设备有很大危害。

① 雷电的电磁效应：雷云对地放电时，在雷击点主放电的过程中，位于雷击点附近的导线上将产生感应过电压。过电压幅值可达几十万伏，它会使电气设备绝缘发生闪络或击穿，甚至引起火灾和爆炸。

② 雷电的热效应：雷电流通过导体时，产生很大的热量，会使导体熔化。

③ 雷电流的机械效应：雷云对地放电时，强大的雷电流的机械效应表现为击毁杆塔和建筑物；劈裂电力线路的电杆和横担等。

④ 雷电流的幅值大，雷电流流过接地装置时所造成的电压降可达数十万至数百万伏。与该接地装置相连的电气设备和外壳、杆塔及架构等处于高电位，从而使电气设备的绝缘发生闪络。

为了防止雷电带来的危害，要对电气设备和建筑物采取必要的防雷保护措施。

【25-3】 **怎么装设单支避雷针**

解： 避雷针保护范围的大小与它的高度有关。在一定高度的避雷针下面，有一个安全区域，在此区域内的物体基本上不受雷击，这个安全区域称为避雷针的保护范围。单支避雷针的保护范围如图 25-3 所示。

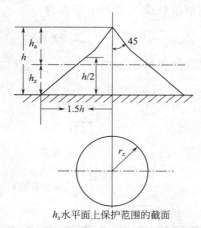

h_x水平面上保护范围的截面

图 25-3　单支避雷针的保护范围示意图

图中，h 为避雷针的高度，它对地面保护范围的半径 $r=1.5h$，在 h_x 高度水平面上的保护半径可按下式确定。

当 $h_x \geqslant \dfrac{h}{2}$ 时，$r_x = (h-h_x)\,P$

当 $h_x < \dfrac{h}{2}$ 时，$r_x = (1.5h-2h_x)\,P$

式中，P 为高度影响系数，当 $h \leqslant 30\text{m}$ 时，$P=1$；当 $30\text{m} < h \leqslant 120\text{m}$ 时，$P=5.5/\sqrt{h}$。

当避雷针高度超过 30m 时，其保护范围不再随针高成正例增加。所以，人们通常采用多支等高或不等高的避雷针的做法来扩大其保护范围。

例如，某单位有一座水塔 30m 高的附近，建有一个高度为 8m

的变电所，如图 25-4 所示。水塔上面装有一支 2m 的避雷针，试算变电所是否在避雷针保护范围之内。

已知条件，$h = 30 + 2 = 32\text{m}$，故高度影响系数 $P = 5.5/\sqrt{h}$，因 $h_x = 8\text{m} < \dfrac{h}{2}$，得保护半径为 $r_x = (1.5h - 2h_x)P$

$= (1.5 \times 32 - 2 \times 8) \times 5.5/\sqrt{32} = 32 \ (\text{m})$

变电所一角距避雷针最远的水平距离为：

$$S = \sqrt{(10 + 15)^2 + 10^2} = 27 \ (\text{m}) < \frac{r_x}{2}$$

则变电所在避雷针保护范围内。

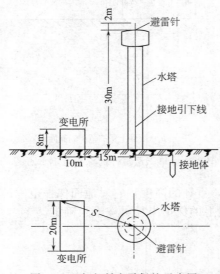

图 25-4　变电所防雷保护示意图

【**25-4**】　**阀型避雷器的构造和原理**

👉 **解：** 阀型避雷器如图 25-5 所示

阀型避雷器主要由火花间隙和阀片电阻等组成。

① 火花间隙。是由多个单元间隙串联而成，每个间隙是由两

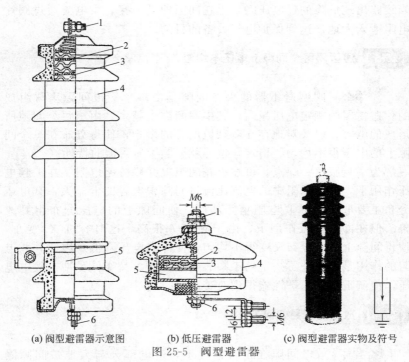

(a) 阀型避雷器示意图　　　(b) 低压避雷器　　　(c) 阀型避雷器实物及符号

图 25-5　阀型避雷器

1—接线柱；2—火花间隙；3—云母垫圈；4—瓷套；5—阀片电阻；6—接地电阻

个冲压成的黄铜片电极，其间用 0.5~1mm 云母垫圈隔开。每个单元间隙形成均匀的电场，在冲击电压作用下的伏秒特性平斜，能与被保护设备绝缘达到配合。在正常情况下，火花间隙使阀片电阻及黄铜片电极与电力系统隔开，而在受过电压击穿后半周波（0.01s）内，能将工频续流电弧熄灭。

② 阀片电阻。是由金刚砂和水玻璃等混合后经模型压制成饼状。它具有良好的伏安特性，当电流通过阀片电阻时，其电阻甚小，产生的残压（火花间隙放电以后，雷电电流通过阀片电阻泄入大地，并在阀片电阻上产生一定的电压降）不会超过被保护设备的绝缘水平。当雷电电流通过后，其电阻自动变大，将工频续流峰值限制在 80A 以下，以保证火花间隙可靠灭弧。

总之，线路正常运行时，避雷器的火花间隙将线路与地隔开，当线路出现危险的过电压时，火花间隙即被击穿，雷电流通过阀片电阻泄入大地，达到保护电气设备的目的。

【25-5】 避雷器每个间隙上电压不均匀、 不稳怎么办

解： 阀型避雷器的火花间隙是由多个平板间隙串联组成的，避雷器的额定电压越高，其串联间隙也越多。由于每个间隙所形成的电容，以及对地存在着杂散电容的影响，使得分布在每个间隙上的电压很不均匀、稳定，这样就影响了避雷器的特性。

为了克服这一缺点，可在火花间隙上并联分路电阻。在工频电压作用下，分路电阻中的电流比流过间隙中电容的电流大，其电压分布主要取决于并联电阻值，从而，使间隙上的电压分布得到改善。但在冲击电压作用下，由于频率 f 很高，这时容抗 X_C 变小，使得间隙上电压分布又变得不均匀，使冲击电压降低。因此并联电阻的作用是既保证了一定的工频放电电压降，又降低了冲击放电电压，使避雷器的保护性能得到改善。

【25-6】 放电间隙是如何工作的

解： 放电间隙在正常情况下，带电部分与大地被间隙隔开。当线路落雷时，间隙被击穿后，雷电电流就被泄入大地，使线路绝缘子或其他电气设备的绝缘不致发生闪络。放电间隙是最简单的防雷保护装置。它构造简单、成本低，容易维护，但是保护特性差。由于放电间隙熄弧能力差，当雷击时往往引起线路掉闸，所以一般需要采用变电站安装自动重合闸的措施来补救。

放电间隙按其结构形式不同，分为棒型、球型和角型等。常用的是角型间隙。为了防止间隙发生误动作，3～35kV 的保护间隙可在其接地引下线中串接一个辅助间隙。

【25-7】 10kV 变压器如何装设防雷保护

解： 保护配电变压器的阀型避雷器或保护间隙应尽量靠近变压器安装，其具体要求如下。

① 避雷器应安装在高压熔断器与变压器之间。

② 避雷器的防雷接地引下线采用"三位一体"的接线方法，即避雷器接地引下线、配电变压器的金属外壳和低压侧中性点这三点连接在一起，然后共同与接地装置相连接，使工频接地电阻不大于 4Ω。

③ 在多雷区变压器低压出线处要装设一组低压避雷器。这是用来防止由于低压侧落雷或正、反变换波的影响而造成低压侧绝缘击穿事故。

【25-8】 在多雷区中的低压电气设备防雷保护

解： 低压架空线路分布很广，尤其是在多雷区单独架设的低压线路，很容易受到雷击。低压架空线路直接引入用户时，低压设备绝缘水平很低，人们接触的机会多，因此必须考虑雷电沿着低压线进入室内的防雷保护措施，其具体措施如下。

① $3\sim10kV$ Y/Y_0 或 Y/Y 接线的配电变压器，宜在低压侧装一组阀型避雷器或保护间隙。变压器低压侧为中性点不接地的情况，应在中性点处装设击穿保险器。

② 重要用户宜在低压线路引入室内前 50m 处安装一组低压避雷器，入室内后再装一组低压避雷器。

③ 一般用户，可在低压进线第一支持物处装设一组低压避雷器或击穿保险器，亦可将接户线的绝缘子铁脚接地，其工频接地电阻不应超过 30Ω。

④ 易受雷击的地段，直接与架空线路相连接的电动机或电能表，宜加装低压避雷器或间隙保护，间隙距离可采用 $1.5\sim2mm$，也可以采用通信设备上用的 $500V$ 的放电间隙保护。

【25-9】 如何安装避雷器

解： 避雷器的安装要符合下列要求。

① 避雷器瓷件无裂纹、无破损，密封良好，并经电气试验合格。

② 各节的连接处应紧密，金属接触表面应清除草剂、氧化物及油漆。

③ 应垂直安装便于检查、巡视。

④ 35kV 及以上的避雷器，接地回路应装放电记录器，放电记录器应密封良好，安装位置应一致，便于观察，避雷器底座对地应绝缘。

⑤ 避雷器安装位置与被保护物的距离越近越好，避雷器与310kV 设备的电气距离一般不应大于 15m。

⑥ 避雷器引线的截面：铜线不小于 16mm^2；铝线不小于 25mm^2。

⑦ 接地引下线与被保护设备的金属外壳应可靠连接，并与总接地装置相连。

【25-10】 如何安装管型避雷器

解： 管型避雷器的安装要求如下。

① 避雷器的外壳不应有裂纹和机械损伤，绝缘漆不应剥落，管口不应有堵塞现象。

② 应避免各相避雷器排出的电源离气体相交而造成弧光短路。

③ 要防止管型避雷器的内腔积水，宜将其垂直或倾斜安装，开口端向下，与水平线的夹角不应小于 15°，在污秽地区应增大倾斜度。

④ 10kV 及以下的管型避雷器，防止雨水造成短路，外间隙电极不应垂直装置。

⑤ 外间隙电极不应与线路导线垂直安装，不能利用导线本身作为另一放电极，间隙电极应镀锌。

⑥ 避免避雷器的排气孔被杂物堵塞，要用纱布小孔包盖住。

⑦ 安装要牢固，要保证外间隙的距离在运行中稳定不变。

【25-11】 如何在装有自动重合闸装置的架空电力线路上装设放电间隙

解：

① 主、辅放电间隙均应水平安装。

② 主间隙采用直径不小于 8mm 的镀锌圆钢。

③ 间隙安装牢固，并保证间隙距离在运行中稳定不变。

④ 同一地点的三个间隙可共用一个辅助间隙。

放电间隙的距离应符合表 25-1 的要求。

表 25-1　放电间隙安装距离

线路电压/kV	3		6		10		35	
间隙名称	主	辅	主	辅	主	辅	主	辅
距离/mm	8	5	15	8	22	8	200	20

【25-12】 **如何巡视检查运行中的防雷设备**

解：

（1）避雷针及避雷线

① 检查避雷针、避雷线及其引下线有无锈蚀。

② 导电部分的电气连接处，如焊接点、螺栓接头等连接是否牢固。

③ 检查过程中可用小锤子轻轻敲击，发现有接触不良或脱焊的接点应立即修复。

（2）阀型避雷器

① 瓷套是否完整。

② 导线和接地引下线有无烧伤痕迹和断股现象。

③ 水泥接合缝及涂刷油漆是否完好。

④ 10kV 避雷器上帽引线处密封是否严密，有无进水现象。

⑤ 瓷套表面有无严重污秽。

⑥ 动作记录器指示数有无改变（判断避雷器是否动作）。

（3）管型避雷器

① 外壳有无裂纹、机械损伤、绝缘漆剥落等现象。

② 安装位置是否正确，开口端是否向下。

③ 外间隙的电极距离有无变动，是否符合要求。

④ 排气孔有无被杂物堵塞现象。

第 26 章
解读照明电路的常见故障处理

Chapter 26

【26-1】 **熔丝熔断怎么办**

解:

① 线路短路，重点检查灯座、接线盒接头等易折磨处，然后将短路故障消除。

② 熔丝额定电流过小，应更换合适的熔丝。

③ 熔丝因接触不良而烧坏，应处理接触面后，更换新熔丝。

④ 负荷过重，应减小负荷，更换合适的熔丝。

【26-2】 **灯光太暗怎么办**

解:

① 电源电压过低，应调整电源电压至额定电压值。

② 导线太长太细，导致线路压降过大，灯的两端电压降低。应缩短线路长度或更换合适的导线。

③ 灯泡玻璃表面有油污，应切断电源开关，取下灯泡清洗油污，待表面干燥后装好再送电。

【26-3】 灯不亮怎么办

解: 照明灯不亮:熔丝熔断、开关接触不良、导线松脱或断线、灯泡烧坏。

【26-4】 开关已断开, 更换螺口灯泡时有触电的感觉怎么办

解: 接线或开关安装错误导致。具体如下。如图 26-1(a)所示,开关控制 N 线(零线),当换灯泡时,灯口螺口带电,当手接触灯口螺口时,会触及带电的螺灯口;如图 26-1(b)所示,L 线直接到螺灯口的螺口上,灯口的螺口长期带电。红箭头表示平时带电部分。

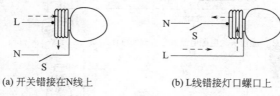

(a) 开关错接在N线上　　　　　　(b) L线错接灯口螺口上

图 26-1　接线或开关安装错误

【26-5】 更换过的新灯泡立即烧坏怎么办

解: 一般原因是电源电压高于灯泡的额定电压,如将 110V 或 36V 的灯泡接在 220V 的电路上。换灯泡时要注意灯泡的额定电压与电源电压应相符。

【26-6】 正在运行中的灯泡突然发出白光而烧坏怎么办

解:

① 电源电压突然升高,要查明原因,修复线路后,更换新灯泡。

② 灯泡钨丝搭连,钨丝局部短路,电阻减小,电流过大而烧毁,应更换新灯泡。

【26-7】 如何查找一盏灯的明线敷设中的故障

解： 一个回路控制一盏灯的实物接线如图 26-2 所示。故障现象是电灯泡不亮了。

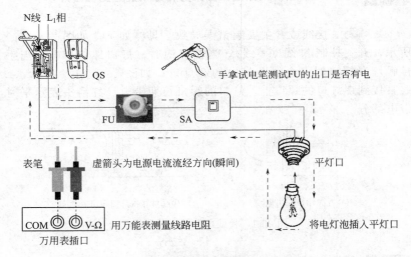

N线 L₁相

QS

手拿试电笔测试FU的出口是否有电

FU   SA

表笔   虚箭头为电源电流流经方向(瞬间)   平灯口

COM ⓞ ⓞ V-Ω   用万能表测量线路电阻   将电灯泡插入平灯口

万用表插口

图 26-2   只有一个回路一盏灯的实物接线示意图

万用表外形如图 26-3 所示。

已知原因是灯泡不亮，应从电源电流流经方向查找，方法如下。

① 用试电笔测试电源是否有电，试电笔发亮证明有电。

② 看灯泡内是否发白（像白烟雾）或断丝，如发白或断丝则是灯泡坏了。断开 QS 开关，更换灯泡，再合上 QS 开关，按下 SA 开关，灯亮，说明是灯泡的问题。

③ 如果电源和灯泡都无问题时。要用万用表检查 SA 开关和线路。在灯泡已上好的情况下，将 QS 开关断开，将万用表置于"2kΩ"挡位，用红、绿表笔分别接触 QS 开关下端子两个接点，按动 SA 开关，万用表无指示数，电阻无限大，说明是

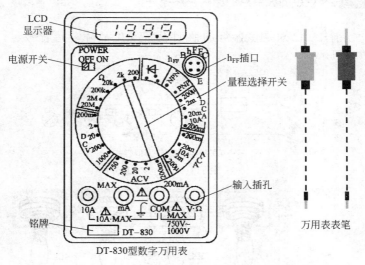

LCD 显示器

电源开关

POWER OFF ON

h_FF插口

量程选择开关

MAX

200mA

输入插孔

铭牌

DT-830

万用表表笔

DT-830型数字万用表

图 26-3　万用表外形

电路开路。

处理电路故障的方法如下。

① 开路故障：第一步撤出万用表的表笔线，再合上 QS 开关，手拿试电笔测试 QS 开关下端子 N 线上是否带电，如果 N 线上带电，证明是零线出了问题，可能是零线断线了。断开 QS 开关，查找零线将其接好。再将 QS 开关合上，按下 SA 开关试灯亮不亮。第二步如果测得 N 线不带电，证明电路中间有接触不良的地方。要查找 SA 开关或平灯口与灯泡是否接触良好，更换开关或平灯口。

② 如果是短路故障时，FU 的熔丝熔断，一般情况是灯口内接线发生短接，造成接地事故。电流大将保险熔丝熔断。检查灯口内的接线有无短路接地（相线与零线短接），可将其分开接好。如果灯口坏了，则应更换新的。

③ 确定是 QS 开关接点上进线接点无电，则是外线来电的故障，查找外线。

【26-8】 如何查找多盏灯的暗管敷设故障

解: 已知是多盏灯的照明设备发生故障，暗管敷设，如图 26-4所示。

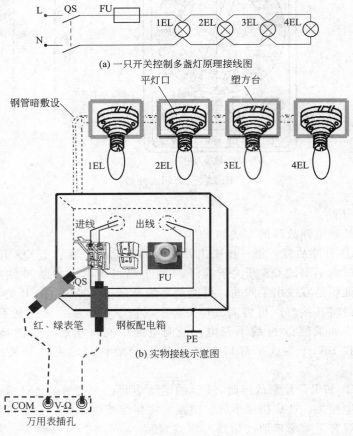

(a) 一只开关控制多盏灯原理接线图

(b) 实物接线示意图

图 26-4　一只开关控制多盏灯暗管敷设电路实物示意图

① 灯全都不亮，经检查保险熔丝熔断。换好熔丝合闸，熔丝

再次熔断。故障属于电路中有短路点，合闸时产生大电流，将熔丝熔断。排除方法：断开 QS 开关，换好保险熔丝，将万用表置于 "2kΩ" 挡位，用红、绿表笔测量电路电阻，电路短路电阻数为零值，电路正常时有电阻数值。将灯泡一个一个取下来，并及时查看万用表数字的变化，如取下 1EL 时，万用表显示有电阻数时，是 1EL 与灯口之间的故障点，进行修理或更换。如果将所有的灯泡都取下来时，万用表显示数值还是为零值时，就要用同样的方法分别检查各个灯口的引线接头处是否有混线的地方。找到故障点时，修复并加强绝缘。及时将万用表笔取下来，然后才能合闸送电。

　　② 灯全都不亮，但保险熔丝未断，查电源有电，用试电笔测零线也带电。说明电路回路没有问题，是零线断线，查找零线断线处将其接好。

　　③ 只有一盏灯不亮，其他都很好。处理方法是，将不亮的灯泡取下来，如果是灯泡坏了更换灯泡，灯泡未坏时，要检查灯泡与灯口之间是否有接触不良现象，使之接触良好。

【26-9】 日光灯不亮怎么办

解：

　　① 停电或电压过低，等候电源电压恢复再用。

　　② 熔丝熔断，查明原因并处理后，再更换新熔丝。

　　③ 启辉器座接触不良，调节启辉器或启辉器座的簧片，使其接触良好。

　　④ 启辉器损坏，换新的。

　　⑤ 灯座触片接触不良，如松动可转动一下灯管或扳动一下灯座；若有锈蚀，应除锈。

　　⑥ 电路接线松脱，接好松脱线接头。

　　⑦ 镇流器线圈断线或短路，进行更换。

　　⑧ 灯管坏，换新的。

　　⑨ 接线中有错误，仔细检查改正。

【26-10】 日光灯不易启辉怎么办

解:

① 电源电压过低,调整电源电压值至灯管的额定电压值。

② 环境温度低,尽量提高环境温度。

③ 启辉器规格与日光灯的规格不匹配,换启辉器。

④ 镇流器的规格偏小,与日光灯功率不匹配,更换镇流器。

⑤ 灯管衰老,更换新灯管。

【26-11】 灯管闪烁怎么办

解: 灯管闪烁是因为灯管经常处于低电压下工作,可以按照图 26-5 所示改进电路接线。

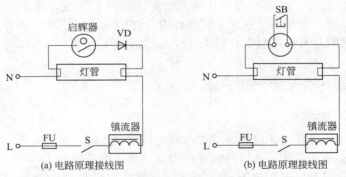

(a) 电路原理接线图   (b) 电路原理接线图

图 26-5 两种日光灯低温低压启动原理接线电路

① 图 26-5 (a) 所示电路在普通电路中增加一只整流二极管 VD,接通电源后,交流电经二极管 VD 半波整流后变为脉动直流电,镇流器对直流电的阻抗低,压降小,加在灯管两端的电压较高,同时脉动的直流电使镇流器产生较高的自感电动势,很容易使灯管内气体电离,日光灯很容易启动。

② 图 26-5 (b) 所示电路将普通电路中的启辉器去掉,用一只按键开关代替(引出两根线,接在安全的位置上),当日光灯开关

S 合上后，只要按一下按键开关 SB，日光灯就可点亮，若一次不成功多按几下即可。

图 26-5（a）所示电路如果 VD 击穿，则换新的；如果 VD 被短路，查出短路点并修复。

【26-12】 如何查找一只开关控制一盏日光灯电路中的故障

解： 一只开关控制一盏日光灯原理及实物接线吊装示意图如图 26-6 所示。其故障处理方法如下。

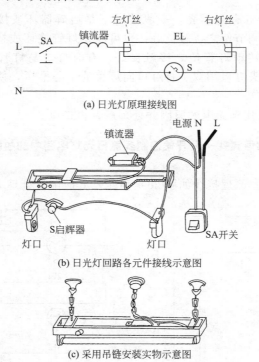

(a) 日光灯原理接线图

(b) 日光灯回路各元件接线示意图

(c) 采用吊链安装实物示意图

图 26-6　一只开关控制一盏日光灯原理及实物接线吊装示意图

① 灯不亮。先要查看电源是否有电，开关是否是好的。一要看灯管的两端左右灯丝处灯管是否变黑，如果变黑时，断开电源，

将灯管取下，更换新的灯管后再合闸试灯是否亮。再要看启辉器在合闸后是否启辉（一闪一闪的），如不启辉，进行调节，使之接触良好，如还是不能启辉时，更换新的启辉器再试。如果电源、开关、灯管、启辉器都无问题时，可能是镇流器的接线处断线，将线接好，如发现镇流器线圈烧坏，及时更换新的镇流器。

② 合闸开关拒合闸。电路中有混线或接地短路的地方。处理方法：将上一级开关断开，用接地摇表摇测线路相间、相对地绝缘电阻，小于 0.5MΩ 则不合格。检查镇流器本身及接线头是否烧坏接地等。

③ 日光灯有电不亮，一般情况下是启辉器坏或接触不良，可进行更换或调节使之接触良好；也可能是灯管烧坏或接触不良，可更换灯管或转动灯管使之接触良好。有时灯口与灯管之间接触不上，可将两头灯口用双手将灯口向灯管的中心推压，使灯管与灯口接触良好。

④ 无电找到无电的原因并处理后，再送电。

【26-13】 如何查找一只开关控制多盏日光灯电路中的故障

解：原理接线如图 26-7 所示。其故障及处理方法如下。

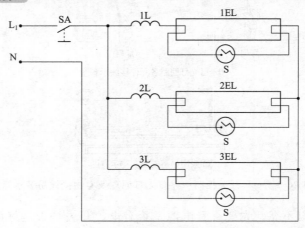

图 26-7 日光灯原理接线图
1L～3L—镇流器

① 合上开关灯全都不亮。无电，查明无电原因；开关已坏，接点接不上，电路不通。断开电源，更换开关。

　② 合不上闸，合闸保险熔丝熔断，是电路中有混线或接地故障。处理方法：断开电源，将 1L 镇流器电源线断开，将万用表置于"2kΩ"挡，测量电路线间电阻，如无电阻，显示数值为零时，继续将 2L 镇流器电源线断开，再用万用表测量，万用表显示有电阻时，那就是 2EL 灯电路有故障，查找出故障处理后，再并入电路合闸试验送电。如果 2L 电源线断开后电阻还是为零值，那就是 3EL 灯电路有故障，处理方法同上。所有问题处理好后，恢复原接线，再用万用表测量电路电线之间电阻验证是否合格，合格后方可送电。

　③ 有其中一盏灯不亮，处理方法与查找一只开关控制一盏灯故障的查找方法一样。

参 考 文 献

[1]　蒋文祥. 低压电工控制电路一本通. 北京：化学工业出版社，2013.11.

[2]　蒋文祥. 图解低压电工实用技能. 北京：化学工业出版社，2013.2.

[3]　蒋文祥. 不可不知的电工作业禁忌全解读. 北京：化学工业出版社，2015.3.